高等学校水利水电工程系列教材

水工结构模型试验

徐青 李桂荣 编著

WUHAN UNIVERSITY PRESS
武汉大学出版社

图书在版编目(CIP)数据

水工结构模型试验/徐青,李桂荣编著.—武汉:武汉大学出版社,
2015.11
高等学校水利水电工程系列教材
ISBN 978-7-307-17149-7

Ⅰ.水… Ⅱ.①徐… ②李… Ⅲ.水工结构—水工模型试验—高等
学校—教材 Ⅳ.TV32

中国版本图书馆 CIP 数据核字(2015)第 265165 号

责任编辑:鲍 玲 责任校对:汪欣怡 版式设计:马 佳

出版发行:**武汉大学出版社** (430072 武昌 珞珈山)
(电子邮件:cbs22@whu.edu.cn 网址:www.wdp.com.cn)
印刷:荆州市鸿盛印务有限公司
开本:720×1000 1/16 印张:12 字数:213千字 插页:2
版次:2015年11月第1版 2015年11月第1次印刷
ISBN 978-7-307-17149-7 定价:26.00元

图6.3 漫湾大坝模型 II

图6.6 模型试验监测系统

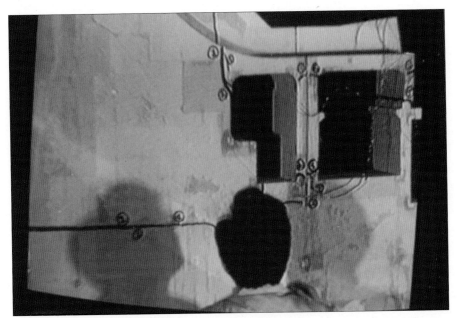

图6.17 模型Ⅱ裂缝分布

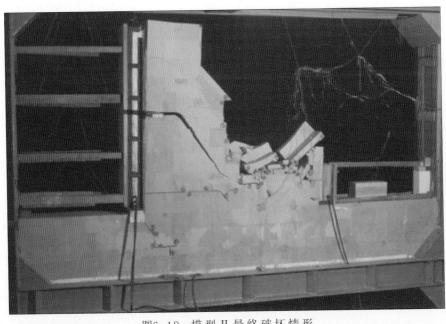

图6.18 模型Ⅱ最终破坏情形

前　言

结构模型试验、数值分析计算以及现场原型监测是研究水工建筑物应力应变及安全性态的三个主要手段。早期，由于计算手段的制约，水利水电工程中的结构设计主要依据经典结构分析及结构模型试验，了解其应力分布、变形性态以及基础稳定性等。20世纪中后期，由于计算机技术和数值分析理论的发展，数值分析方法在坝工设计中开始发挥重要作用，模型试验的重要性有所减弱。20世纪90年代以来，中国在西部深山峡谷中建设了一系列大型、特大型水利水电枢纽工程，常规的规程规范推荐的设计方法受到挑战，而数值分析结果也由于其参数、边界条件、环境因素等的不确定性，不足以作为结构设计的唯一分析手段。因此，目前我国对重大水利水电工程中的重要建筑物，除常规设计外，要求辅以数值分析及结构模型试验进行专题研究，这些成果相互验证，相互补充，以达到安全、经济、可行、绿色环保之目的。

在中国水工结构模型试验的发展历程中，高等院校及科研单位作出了巨大的贡献，原武汉水利电力学院(现武汉大学水利水电学院)无疑是这些高校中的杰出代表之一。自20世纪80年代起，在前辈老师吴沛寰教授的领导下，针对漫湾重力坝、宝珠寺重力坝以及东江拱坝等的地质力学模型试验任务，开展了一系列研究开发工作，如模型材料、加工成型设备、测试技术、自动化监测及数据处理系统等。在加工成型设备方面，1989年结合东江高混凝土拱坝地质力学模型试验，自行研制了各种不同型号的材料试验试件成型机。这些机械设备的应用，不仅有效提高了生产效率，而且保证了试件质量。在自动化监测及数据处理方面，20世纪80年代初，研制成功了DJS自动化监测及数据处理系统，并成功应用于宝珠寺大坝、东江大坝、漫湾大坝的结构模型试验中。之后又对DJS系统进行改进，更新和扩充发展了多通道高精度数据采集、处理与绘图系统，使整个结构更加紧凑，整个系统更具通用性和灵活性。

笔者从事水工结构工程设计、教学及科研等工作三十年，其中教学与科研工作亦逾十年，其间承担了水工结构模型试验教学指导工作。"水工结构模型试验"是"水工建筑物"的配套试验课程，形成了武汉大学水利水电学院的水工教学特色。在教学过程中，笔者深知物理模型在工程结构设计理论的教学与研究工作中的重要性，也深感当前教学与研究工作中对物理模型试验重视程度的不足。本教材的写作目的一方面是为了满足学生试验课程学习的需要，另一方面更是作者的一份心愿：整理完善前辈的成果，纪念为水利工程结构模型试验兢兢业业作出贡献的前辈老师们，以免这些成果被人们逐渐淡忘、有价值的资料濒临遗失。

本书第 1 章主要介绍水工结构模型试验的发展历程、模型试验的目的和意义，以及存在的问题和发展趋势。第 2 章主要阐述水工结构模型试验的基本原理，重点介绍了线弹性静力学模型试验、脆性破坏模型试验、地质力学模型试验等的相似判据。第 3 章介绍模型材料，主要包括脆性弹性结构模型试验材料和地质力学模型试验材料。该章整理了吴沛寰教授研究小组结合东江、漫湾等大坝工程地质力学模型试验的研究成果，其中模型材料配比以及相应的材料力学特性、参数之间的经验公式、材料的适用条件等都是非常珍贵的第一手试验资料。第 4 章主要阐述了地质力学模型试验程序设计的重要性，并介绍了一些工程实例。第 5 章介绍了线弹性静力学模型试验，主要包括两部分：第一部分依托重力坝，用于培训学生从事结构模型试验的基本技能，内容涉及试验任务、试验目的、模型设计、试验装置及设备、试验流程、试验成果整理等；第二部分依托大花水碾压混凝土坝，介绍实际工程三维模型试验方法及应用概况。第 6 章依托东江、漫湾等实际大坝工程介绍了地质力学模型试验，内容涉及模型设计、加载装置、超载方式、监测系统及测点布置、试验程序、试验成果及成果分析等。第 7 章简单介绍了水工结构渗流模型试验，主要包括相似模型材料渗透参数的测试，含复杂渗控系统渗流场的测定装置及方法等。

本书的出版得到了武汉大学水利水电学院的大力支持和出版资助；在本书的写作过程中，得到了作者研究团队的支持和鼓励；在本书的出版过程中，武汉大学出版社的编辑及相关工作人员付出了辛勤的劳动。在此作者一并表示衷心的感谢。

由于作者的水平有限，纰漏之处在所难免，恳请读者批评指正。

徐　青

2015 年 10 月 16 日

于武汉东湖珞珈山

目　　录

第1章　绪论·· 1

1.1　水工结构模型试验的目的和意义 ·· 2

1.2　水工结构模型试验的发展历程 ··· 4

1.3　水工结构模型试验存在的问题及发展趋势 ······························ 7

第2章　水工结构模型试验的基本原理 ······························· 10

2.1　线弹性静力学模型的相似判据 ·· 10

2.2　破坏模型的相似判据 ·· 14

2.3　地质力学模型的相似判据 ·· 17

2.4　钢筋混凝土结构模型的相似判据 ·· 18

2.5　坝体混凝土温度应力模型的相似判据 ···································· 18

2.6　渗流模型的相似判据 ·· 21

第3章　模型材料 ··· 22

3.1　脆性材料结构模型试验 ·· 23

　3.1.1　石膏及石膏混合料 ··· 23

　3.1.2　水泥混合料 ··· 30

3.2　地质力学模型试验 ··· 32

　3.2.1　浇筑类地质力学模型材料 ··· 35

　3.2.2　压制类地质力学模型材料 ··· 57

3.3　岩体软弱结构面模型材料 ··· 63

第4章　模型试验程序设计 ·· 65

4.1　概述 ··· 65

4.2　试验程序影响因素 ··· 66

4.3　试验程序设计实例 ··· 68

4.3.1 瑞士 Emosson 双曲拱坝地质力学模型试验 ·············· 68

4.3.2 智利 Rapel 拱坝地质力学模型试验 ················· 69

4.3.3 墨西哥 Itzanton 双曲拱坝地质力学模型试验 ········· 69

4.3.4 中国龙羊峡拱坝坝肩地质力学模型试验 ··············· 71

4.3.5 中国隔河岩拱坝整体地质力学模型试验 ··············· 71

4.3.6 中国东江拱坝地质力学模型试验 ··················· 72

4.4 试验程序设计的原则及建议 ······················· 74

第5章 线弹性静力学模型试验 ····························· 76

5.1 混凝土重力坝结构模型试验 ······················· 76

5.1.1 试验任务 ····································· 76

5.1.2 试验目的 ····································· 76

5.1.3 模型设计 ····································· 76

5.1.4 试验装置及设备 ······························· 78

5.1.5 试验步骤 ····································· 83

5.1.6 成果整理 ····································· 89

5.1.7 主要设备的工作原理 ··························· 89

5.2 大花水碾压混凝土坝物理模型试验 ··················· 92

5.2.1 工程概况 ····································· 92

5.2.2 试验目的及步骤 ······························· 94

5.2.3 模型设计与制作 ······························· 95

5.2.4 测点布置 ····································· 96

5.2.5 加载设计 ····································· 100

5.2.6 试验成果及分析 ······························· 104

第6章 地质力学模型试验 ······························· 112

6.1 漫湾水电站混凝土重力坝地质力学模型试验 ··········· 112

6.1.1 工程概况 ····································· 112

6.1.2 试验任务 ····································· 115

6.1.3 模型设计 ····································· 115

6.1.4 加载装置及超载方式 ··························· 117

6.1.5 监测系统及测点布置 ··························· 119

6.1.6 试验程序 ····································· 119

6.1.7　试验成果及分析 ……………………………………………… 119

6.2　东江水电站混凝土拱坝地质力学模型试验 ……………………… 131

6.2.1　工程概况 ………………………………………………………… 131

6.2.2　试验任务 ………………………………………………………… 132

6.2.3　模型设计 ………………………………………………………… 133

6.2.4　加载系统及超载方式 …………………………………………… 142

6.2.5　监测系统及测点布置 …………………………………………… 142

6.2.6　试验程序 ………………………………………………………… 146

6.2.7　试验成果及分析 ………………………………………………… 147

第7章　水工结构渗流模型试验 ……………………………………… 174

7.1　材料渗透特性试验 ………………………………………………… 175

7.1.1　试验目的 ………………………………………………………… 175

7.1.2　渗透系数测定 …………………………………………………… 175

7.2　拱坝渗流模型试验 ………………………………………………… 177

7.2.1　试验目的 ………………………………………………………… 177

7.2.2　试验内容 ………………………………………………………… 177

7.2.3　模型设计与制作 ………………………………………………… 178

7.2.4　试验步骤 ………………………………………………………… 183

参考文献 ………………………………………………………………… 184

第1章 绪　论

水利水电枢纽工程是由不同类型、不同功能的水工建筑物构成的综合体，其中挡水建筑物、泄水建筑物、发电厂房等是枢纽的主要建筑物。水工建筑物在自重、水荷载以及各类环境因素(如地质构造作用、水文地质作用、温度作用、化学作用、地震作用等)的作用下，其应力场、温度场、渗流场以及化学场等均将发生改变，当这种改变使建筑物的变形和应力达到一定程度时，便会发生破坏。目前，分析水工建筑物作用效应及其安全性的方法主要有三类：物理模型试验、数值分析以及现场原型监测。

(1)物理模型试验

物理模型试验是以实验力学和相似理论为基础，建立物理模型，研究建筑物在各种荷载及环境因素作用下的应力、变形状态以及屈服、开裂等过程。物理模型试验由模型、加载系统、量测系统以及计算机控制系统等组成。模型试验可以模拟建筑物及其地基的实际工作状态，同时考虑多种因素及复杂的边界条件，不仅可以直观地揭示建筑物在外部因素作用下的变化过程，而且可以为建立和验证数学模型、开展数值分析提供可靠的依据。

(2)数值分析

数值分析是以数学和力学为基础，根据水工建筑物的结构特点和受力条件，构建数学物理方程，建立数学模型，在一定的初始条件和边界条件下，研究结构的应力和变形状态。通常的数值分析方法有：有限单元法、有限差分法、边界元法、不连续变形分析法、离散单元法、块体单元法、复合单元法、数值流形法、无单元法等。

(3)现场原型监测

现场原型监测是通过在水工建筑物中埋设仪器设备，对建筑物的实际运行状态进行动态监测，并以监测资料为基础，分析建筑物的工作性态，从而达到对建筑物进行实时安全监控的目的。水工建筑物现场原型监测主要包括监测仪器、监测设计、监测施工、监测数据采集、监测资料整理分析、安全评价及安全监控等。

随着计算机技术的发展，数值分析方法得到了广泛的应用。但是由于水工建筑物自身结构、受力条件、边界条件、基岩地质构造以及环境因素等都极其复杂，数值结果往往需要建立在一些假定的基础之上，这就使得数值模拟受到很大制约；同时，一些复杂结构或复杂水力条件下的水工建筑物，其相关物理量之间尚未建立起合理的函数关系，这就使得数值分析难以开展。因此假设条件及函数关系的合理性，只能通过室内模型试验或现场监测进行验证，尤其是大型或重要的水利水电工程项目，在开展数值分析的同时，还要求开展模型试验研究，验证数值分析结果的合理性和可靠性。

现场原型监测本质上就是1∶1的物理模型试验。近年来，随着现场监测技术的进步，模型试验成果、数值分析成果以及现场监测数据之间的相互验证变得越来越重要。

20世纪90年代以来，中国在西部水电大开发过程中，建设了一系列大型、特大型水电枢纽工程，黄河、红水河、大渡河、澜沧江、乌江、金沙江、雅砻江、大渡河等13个大型水电基地正在全面开发建设。混凝土浇筑量约2800万立方米的三峡重力坝，世界上第一座300m级的小湾混凝土双曲拱坝和坝高305m的锦屏一级混凝土双曲拱坝等已经建成发电，金沙江水电基地下游河段四大世界级巨型水电站——乌东德、白鹤滩、溪洛渡、向家坝（乌东德，混凝土双曲拱坝，设计坝高270m；白鹤滩，混凝土双曲拱坝，设计坝高289m；溪洛渡，世界泄洪量最大的混凝土双曲拱坝，设计坝高285.5m；向家坝，混凝土重力坝，设计坝高162m），以及设计坝高314m的双江口心墙堆石坝等，都正在建设中。水利水电工程已成为国民经济的重要基础设施，在经济建设和维持社会安定中起着举足轻重的作用。这些高库大坝建设在深山峡谷中，地质构造复杂，常规的设计原则、方法、经验等受到挑战，如在小湾高拱坝设计和建设过程中，遇到很多超出人们现有认知水平、没有规程规范可循的关键技术问题，在这种情况下，地质力学模型试验等一系列的模型试验研究工作就显得尤为重要。

对于重要工程，数值分析必须结合模型试验以及现场监测数据，综合分析，才能使数值分析成果有据可信。

1.1 水工结构模型试验的目的和意义

水工建筑物的结构模型试验，就是遵照一定的相似准则，将原型的几何形态、材料特性、受力条件、环境因素等在模型上反映，通过各种测试手段，记录模型试验过程中出现的物理现象，得到相应的物理量值，并进行分析研究。由于模型试验能同时考虑多种因素，模拟各种复杂的边界条件，直观了解试验过程中各物理量的变化规律，展现结构的屈服、开裂、破坏随时间的变化过程，了解结构的受力变形性态、薄弱部位、破坏模式等，从而研究结构的工作状态、性能衰变过程以及破坏机理，为施工、设计以及运行管理提供科学依据。因此，模型试验在工程设计和科学研究中具有十分重要的地位，是数值分析成果的重要补充与验证。

水工结构模型试验的目的和意义，可以归纳为以下几个方面：

①建立新的理论体系或方法。

②验证已建立的理论方法中采用的一些假定，确定其适用条件，并研究参数的合理取值范围。

③创立经验公式，验证经验公式的可靠性、适用条件及参数取值等问题。

④验证为开展数值分析编制的程序、采用的假定和简化条件，以及计算成果等的可靠性、合理性和适用性。

⑤验证实际工程结构的设计强度及安全度等，预测建筑物的衰变及破坏过程，研究结构的破坏机理，评价水工建筑物抵御事故的能力及运行寿命。

⑥创造新型结构，研究新型结构的性能及适用条件。

⑦发现新型材料，推动材料科学研究与工程应用研究的有效结合与相互促进。

水利水电工程对国民经济的巨大效益是众所周知的，然而它的失事所造成的危害更是十分严重的。世界上已经建造了很多水利水电工程，给人类带来了巨大的社会效益和经济效益，但也曾发生过多起重大失事事故，造成了生命和财产的巨大损失。惨痛的教训已使人们逐渐认识到了解并掌握水工建筑物的运行状态、劣化开始及发展过程，直至破坏的预测研究的重要性。因此，国内外对重要的水工建筑物都会开展物理模型试验研究，预测原型在运行过程中可能出现的一些重要物理现象，观察模型在意外情况下可能发生的破坏过程，通过一系列工程的模型破坏试验，研究结构的薄弱环节，从而改进结构设计，为结构安全度分析及优化设计提供依据，确保工程安全。

水工建筑物修建在岩体上，所涉及的地质因素复杂，又要考虑水的作用，因此比一般的工业与民用建筑要复杂得多。尽管计算机技术、数值分析理论和方法(如有限单元法等)已经有了迅速的发展和广泛的应用，但是目前还不可能在所有方面都获得精确的理论解，也不可能对所有复杂的物理现象都写出数学表达式。物理模型有可能使原型各方面的特性得到较为全面和合理的模拟，

3

从而使物理模型试验成果成为理论计算和数值分析成果的重要校核与补充。因此，国内外在大型的和重要的水工建筑物设计施工过程中，都同时要求进行数值计算分析和模型试验分析，以期达到相互验证的目的。

由于物理模型是对实际结构性态的模拟，在模型上还有可能出现预先未知而又实际存在的某些现象，因此，模型试验研究不仅仅是对数值分析方法的验证，而且是获得更丰富更符合实际信息的积极探索。

综上所述，水工结构模型试验的目的和意义就是探索并发展新理论、新材料、新技术、新工艺，提高对水工建筑物设计、施工及运行全过程的认知，保证水利水电工程的安全性和经济性。

需要指出的是，模型试验是伴随着数学力学分析理论、材料科学、计算机技术、实验技术和工艺等多学科的进步而发展的，模型试验也很难完全做到真实反映原型，模型材料、模拟方法和测试技术等也有待提高和发展。同时，模型试验需花费较多的人力和财力，经历较长的时间周期，没有数值模拟灵活方便。因此，模型试验有它的局限性，模型试验和数值分析是相辅相成、相互验证补充和发展的关系，不能相互取代。

1.2　水工结构模型试验的发展历程

水工结构模型试验通常包括线弹性静力学模型试验、脆性破坏模型试验、地质力学模型试验、温度应力模型试验、水工水力学模型试验以及地下工程结构模型试验等。

早在18世纪初，欧美一些国家已建立起水工试验室，开展水工、河工、港工、船舶、水力机械等方面的模型试验研究。20世纪初期开始运用模型试验方法，对水工建筑物进行结构分析。

1906年，美国威尔逊(J. S. Wilson)用橡皮材料制作重力坝断面模型，进行结构模型试验；1930年，美国垦务局采用石膏硅藻土制作胡佛重力拱坝(Hoover dam)模型，进行山岩压力等试验研究。

20世纪20年代，法国、意大利开始进行水工结构模型试验，当时主要采用机械式引伸计进行应变测量。30年代初，电阻应变片问世，并逐步在结构模型试验中得到应用，为试验的发展和推广创造了有利条件。

20世纪三四十年代，模型模拟理论与试验技术得到发展，使得水工结构二维和三维模型试验得到了很好的理论和技术支持。

20世纪中期，坝工建设迅速发展，模型材料、试验技术等方面取得突破，使结构模型试验研究领域的深度和广度都得到进一步发展，静力学试验、破坏试验以及地质力学模型试验都成为可能。1947年，葡萄牙里斯本建立国家土木工程研究所(LNEC)，其特点是制作小比例尺模型，一般为1:200~1:500，该研究所是小比例尺结构模型试验的著名代表。1951年，意大利建立了著名的贝加莫(Bergamo)结构模型试验所(ISMES)，该所进行了大量的结构模型试验研究，其特点是采用大比例尺模型，一般为1:20~1:80，该试验室是大比例尺结构模型试验的著名代表。在此期间，许多国家(如法国、德国、英国、西班牙、前南斯拉夫、前苏联、澳大利亚、日本、中国等)相继开展了模型试验工作，并多次举行国际性的学术讨论会。例如，1959年6月在马德里举行的结构模型国际讨论会，全面讨论了结构模型的相似理论、试验技术及其实际应用。1963年10月在里斯本举行的混凝土坝模型讨论会，对混凝土坝的结构模型试验技术，包括破坏试验和温度应力试验等有关问题进行了讨论，其后又多次组织专题讨论会。1967年，第九届国际大坝会议，以及同年举行的国际岩体力学会议，提出了模型试验中用块体组合来模拟多裂隙介质岩体的设想等。

　　20世纪70年代初，结构模型试验进入新的发展阶段，地质力学模型试验得到广泛应用。地质力学模型试验的开展，扩大了结构模型试验研究的领域，使其可用于研究坝体和坝基的联合作用、重力坝的坝基抗滑稳定、拱坝的坝肩稳定、地下洞室围岩的稳定等问题。ISMES的富马加利(E. Fumagali)教授等人对地质力学模型材料进行了不少开创性的研究工作。1970年第二届国际岩体力学会议，巴顿(N. R. Barton)作了有关低强度地质力学模型材料的报告。ISMES首次成功进行了拱坝坝肩稳定小块体地质力学模型试验。前南斯拉夫地质与基础工程学院，进行了格兰卡尔沃特拱坝(Grancarevo Arch Dam)的地质力学模型试验，其模块数量达到10万块以上。葡萄牙等国也相继开始了地质力学模型试验研究工作。1979年3月，地质力学物理模型国际讨论会在意大利贝加莫召开，会议讨论了地质力学模型的试验理论、试验技术及其在大坝、边坡、洞室等工程领域的实际应用问题。中国在20世纪70年代中后期开始地质力学模型试验研究。在此期间，计算理论和计算机技术也取得了巨大成就，数值计算开始应用于结构受力分析，结构模型试验的重点便转向解决一些重大和复杂的工程问题。

　　中国于20世纪30年代初，在德国进行了黄河治导工程模型试验，并开始酝酿引进西方水工模型试验技术，筹建国内水工试验室。1933年，天津建立了中国第一个水工试验所；1934年，清华大学成立了水力试验馆；1935年，在南京筹建了中央水工试验所，后更名为南京水力试验处；之后，全国建立了更多的水工模型试验研究机构。

20世纪50年代，中国兴建了一批混凝土坝。为了研究大坝的水力特性、解决混凝土坝特别是拱坝的应力分析问题，1956年，清华大学成立了中国第一个水工结构试验室。广东流溪河拱坝（坝高78m）试验是我国第一个混凝土坝的结构模型试验，在清华大学水工结构试验室进行，主要研究大坝的水力特性，多个单位的科研技术人员参加了这一试验研究工作。同年，中国水利水电科学研究院建立了结构模型试验室。此后，更多的水利水电科研单位和高等院校相继建立了模型试验室，开展结构模型试验研究工作。50年代末期，还进行过大头坝、蜗壳等结构的模型试验。试验工作开展初期以线弹性应力模型试验为主，之后开始进行模型破坏试验，以及地质力学模型试验。

20世纪60年代，模型试验中开始模拟坝基地质构造。中国水利水电科学研究院进行了拱坝和宽缝重力坝的结构模型破坏试验，清华大学开展了青石岭拱坝地质力学模型试验等。

20世纪70年代，中国兴建了一批砌石拱坝，为了配合工程设计，进行了砌石拱坝结构模型试验，以及拱坝坝肩抗滑稳定模型试验。在混凝土重力坝结构模型试验方面，多以研究有软弱夹层的坝基抗滑稳定及软弱坝基对坝体应力的影响为主。1972年，华北水利水电学院（现华北水利水电大学）结合朱庄、双牌、大黑汀等工程，利用结构模型进行了具有软弱夹层的岩基重力坝抗滑稳定试验研究。此外，华东水利学院（现河海大学）结合新安江、陈村和安砂等工程，开展纵缝对混凝土重力坝工作性态影响的试验研究。20世纪70年代中期，安徽省水利科学研究所在丰乐双曲拱坝结构模型试验中进行了坝体表面和坝基内部应变的测量工作。70年代后期，长江水利水电科学研究院开始进行地质力学模型材料的试验研究，并且开展了平面地质力学模型试验。

20世纪80年代，武汉水利电力大学、清华大学等开始进行高拱坝三维地质力学模型试验。

进入21世纪，中国高拱坝建设蓬勃开展，由于对高拱坝特性的认识超出了人们的认知，因此，地质力学模型试验得到重视，并广泛开展起来。

在中国模型试验的发展历程中，高等院校及科研单位作出了巨大的贡献。

清华大学相继开展了流溪河、响洪甸、青石岭、紧水滩、东风、渔子溪、陈村、凤滩、铜头、安康、牛路岭、新丰江、龙羊峡、东江、二滩、李家峡、江垭、小湾、溪洛渡、锦屏一级、拉西瓦、薯沙溪等大坝结构模型及地质力学模型试验。

四川大学也做了许多坝工结构模型试验,提出了采用变温相似材料进行强度储备试验的新方法。该方法在模型材料中加入适量的高分子材料及胶结材料,同时配置温度变化系统,在试验过程中通过升温的办法使高分子材料逐步熔解,材料的力学参数就逐步降低,从而可以在一个模型上实现强度储备与超载相结合的综合法试验。这一方法已应用于溪洛渡、沙牌、铜头、百色、锦屏一级等大坝模型试验中。

原武汉水利电力学院(现武汉大学水利水电学院)自 20 世纪 80 年代起,开展了一系列结构模型试验和地质力学模型试验。

1988 年,开展了漫湾水电站混凝土重力坝地质力学模型试验,对河床溢流坝段进行超载破坏试验,追踪裂缝开展及分布,了解破坏过程,确定超载安全系数。

1990 年,开展了东江水电站混凝土拱坝地质力学模型试验,进行了正常工况下整体结构模型试验、拱坝局部加厚断面形状改变后的整体结构模型试验,以及坝踵 F3 断层对拱坝影响研究的整体结构模型试验。之后,为了进一步研究拱坝的承载能力及其破坏机理,又针对竣工后的拱坝进行了三维地质力学模型的超载破坏试验。同时,为了能够真实反映工程竣工后的实际情况,模型按实际体积力精确模拟了基岩及混凝土自重,并模拟了坝后 4 条发电背管及镇墩。

1992 年,分两个阶段开展了宝珠寺水电站厂-坝三维地质力学模型试验研究。第一阶段研究厂-坝联合作用下,基础面的应力及变形,厂坝接缝面的传力作用,以及不同并缝高程的联合作用效果;第二阶段进行了地质力学模型破坏试验,分析厂-坝联合作用下,低并缝方案的极限承载能力、薄弱部位及超载情况下的破坏机理。

2007 年,开展了大花水碾压混凝土坝结构模型试验,研究诱导缝和周边缝对拱坝坝体应力、应变的影响规律。

武汉大学水利水电学院还针对三峡、瀑布沟、景洪等水电站蜗壳及其外围钢筋混凝土结构开展了多项模型试验研究。

1.3　水工结构模型试验存在的问题及发展趋势

近年来,随着我国在复杂地质条件下高坝建设如火如荼的开展,地质力学模型试验出现了加快发展的势头,也因此对模型设计、模型材料、加载技术、试验量测设备等方面都提出了更高的要求。新型模型材料的发现、复杂多因素的模拟、加载技术的改进以及量测设备及技术的发展等成为模型试验需进一步研究和探索的课题。

（1）从单学科向多学科研究转变

水工模型试验不仅是水工结构问题，而且与岩石力学、材料科学、水力学等多学科密切相关。

（2）模型材料

为了更合理地模拟基岩中的断层、节理等软弱结构面，大比例尺模型试验是未来的发展方向，这就要求材料科学有较大的进步，发现新型模型试验材料，满足大比例尺模型的需求。在模型试验中，对地基岩体内的断层、节理等软弱结构面，一般多采用不同的薄膜、纸张、润滑油或化学涂料等，模拟其力学变形特性。在试验中岩体和夹层的力学参数均不能变化，若要改变力学参数，则需要改变一次力学参数，相应地做一个模型，综合多个模型的试验结果，反映其力学参数的变化过程，显然这是不经济的。而要在同一个模型上实现岩体或软弱结构面力学参数的变化，关键的问题是要在模型材料上有所突破，研制出新型模型材料，以实现模型中岩体及软弱结构面材料强度的逐步变化。四川大学提出的变温相似材料是一个很好的尝试和突破，但是该方法忽略了温度变化对地基和拱坝应力的影响，而通常情况下温度的改变对混凝土高拱坝特性是一个很重要的影响因素，因此，这种通过变温改变力学参数的方法对试验成果的准确模拟会有怎样的影响，以及如何削弱这一影响，还有待进一步的研究和完善。

（3）加载技术

为满足模拟实际工程中结构多向受力环境的要求，模型试验加载方式也应朝着多向加载的方向发展，并且随着伺服加载系统在土木、岩土结构试验中的广泛应用，水工结构模型试验的加载系统也应趋向于采用伺服控制系统，在加载过程中实现全过程实时监控。对于混凝土坝体结构，全级配、大体积、多向受力结构模型试验是未来的发展方向。

（4）荷载模拟技术

温度和渗流是作用在水工混凝土结构和基岩上的两大重要荷载，如何在模型试验中模拟这两类荷载，目前仍是未解决的难题。

对于混凝土拱坝，温度作用是重要的荷载之一，而进行温度应力模型试验是比较困难的。葡萄牙国立土木工程研究所曾利用油浴和蛇形管加温的方法进行大坝温度应力试验；黄文熙提出了当量荷载法进行温度应力试验。但到目前为止，满意的试验成果尚少。

对于混凝土重力坝,渗透荷载也是重要的荷载之一,目前,虽然在模型试验中对渗透体积力的模拟已有一些探索(如清华大学在锦屏二级深埋长隧洞的围岩稳定模型试验中,尝试引入渗透力),但至今尚未有较为完善的模拟手段。

为了合理模拟温度作用、渗流作用等对大坝以及基岩开裂的影响,模型试验理论、荷载模拟的技术、加载设备以及模型材料等都有待进一步发展。

(5)量测系统

随着科技的进步,量测系统向着精细化、多维化、智能化、可视化的方向发展。例如,采用声发射技术监控开裂前兆、微型摄像系统监控上游坝踵开裂、内部光纤技术监控内部变形状态、三维动态光学应变量测技术等。

综上所述,对于大型水电工程,须结合室内物理模型试验研究、数值模拟研究以及现场监测资料等,相互验证,共同发展。

第2章　水工结构模型试验的基本原理

水工结构模型试验遵循的基本原理是相似原理，相似原理的数学表达即为相似判据。

水利水电工程研究的主要对象是水工建筑物及其基岩。模型试验不仅需要模拟建筑物及基岩的几何形状、作用荷载以及物理力学特性，而且还要模拟地质构造、施工程序以及环境条件等。为了使模型在试验过程中产生的物理现象与原型相似，模型试验得到的结果能反映原型的特性，模型的几何形状、材料特性、作用荷载、环境条件以及加载方式、施工程序等必须遵循相似原理。

水工结构模型试验通常包括线弹性静力学模型试验、脆性破坏模型试验、地质力学模型试验、温度应力模型试验、地下工程结构模型试验以及水工水力学模型试验等。下面分别叙述各类模型试验应满足的相似判据。

2.1　线弹性静力学模型的相似判据

为了叙述方便，约定变量表达如下：下标标注 p 表示原型变量，下标标注 m 表示模型变量。定义原型和模型的相同物理量之比为相似常数，以字母 C 表示，则一些相似常数表达如下。

几何相似常数：
$$C_L = \frac{L_p}{L_m}$$

应力相似常数：
$$C_\sigma = \frac{\sigma_p}{\sigma_m}$$

应变相似常数：
$$C_\varepsilon = \frac{\varepsilon_p}{\varepsilon_m}$$

位移相似常数： $C_\delta = \dfrac{\delta_p}{\delta_m}$

弹性模量相似常数： $C_E = \dfrac{E_p}{E_m}$

泊松比相似常数： $C_\mu = \dfrac{\mu_p}{\mu_m}$

边界应力相似常数： $C_{\bar\sigma} = \dfrac{\bar\sigma_p}{\bar\sigma_m}$

体积力相似常数： $C_X = \dfrac{X_p}{X_m}$

容重相似常数： $C_\gamma = \dfrac{\gamma_p}{\gamma_m}$

密度相似常数： $C_\rho = \dfrac{\rho_p}{\rho_m}$

为使模型与原型保持相似，各相似常数之间须满足相似判据。线弹性静力学模型的相似判据可以由弹性力学的平衡方程、几何方程、物理方程及边界条件方程推导得到，也可以由量纲分析方程推导得到。

由弹性力学可知，模型内各点应满足平衡方程，即

$$\left.\begin{array}{l} \dfrac{\partial(\sigma_x)_m}{\partial x_m} + \dfrac{\partial(\tau_{xy})_m}{\partial y_m} + \dfrac{\partial(\tau_{xz})_m}{\partial z_m} + X_m = 0 \\[3mm] \dfrac{\partial(\tau_{yx})_m}{\partial x_m} + \dfrac{\partial(\sigma_y)_m}{\partial y_m} + \dfrac{\partial(\tau_{yz})_m}{\partial z_m} + Y_m = 0 \\[3mm] \dfrac{\partial(\tau_{zx})_m}{\partial x_m} + \dfrac{\partial(\tau_{zy})_m}{\partial y_m} + \dfrac{\partial(\sigma_z)_m}{\partial z_m} + Z_m = 0 \end{array}\right\} \qquad (2.1)$$

满足相容方程，即

$$\left.\begin{array}{l} \dfrac{\partial^2 \left(\varepsilon_x\right)_m}{\partial y_m^2} + \dfrac{\partial^2 \left(\varepsilon_y\right)_m}{\partial x_m^2} = \dfrac{\partial^2 \left(\gamma_{xy}\right)_m}{\partial x_m \partial y_m} \\[3mm] \dfrac{\partial^2 \left(\varepsilon_y\right)_m}{\partial z_m^2} + \dfrac{\partial^2 \left(\varepsilon_z\right)_m}{\partial y_m^2} = \dfrac{\partial^2 \left(\gamma_{yz}\right)_m}{\partial y_m \partial z_m} \\[3mm] \dfrac{\partial^2 \left(\varepsilon_z\right)_m}{\partial x_m^2} + \dfrac{\partial^2 \left(\varepsilon_x\right)_m}{\partial z_m^2} = \dfrac{\partial^2 \left(\gamma_{zx}\right)_m}{\partial z_m \partial x_m} \\[3mm] \dfrac{\partial}{\partial z_m}\left(\dfrac{\partial \left(\gamma_{yz}\right)_m}{\partial x_m} + \dfrac{\partial \left(\gamma_{zx}\right)_m}{\partial y_m} - \dfrac{\partial \left(\gamma_{xy}\right)_m}{\partial z_m}\right) = 2\dfrac{\partial^2 \left(\varepsilon_z\right)_m}{\partial x_m \partial y_m} \\[3mm] \dfrac{\partial}{\partial x_m}\left(\dfrac{\partial \left(\gamma_{zx}\right)_m}{\partial y_m} + \dfrac{\partial \left(\gamma_{xy}\right)_m}{\partial z_m} - \dfrac{\partial \left(\gamma_{yz}\right)_m}{\partial x_m}\right) = 2\dfrac{\partial^2 \left(\varepsilon_x\right)_m}{\partial y_m \partial z_m} \\[3mm] \dfrac{\partial}{\partial y_m}\left(\dfrac{\partial \left(\gamma_{xy}\right)_m}{\partial z_m} + \dfrac{\partial \left(\gamma_{yz}\right)_m}{\partial x_m} - \dfrac{\partial \left(\gamma_{zx}\right)_m}{\partial y_m}\right) = 2\dfrac{\partial^2 \left(\varepsilon_y\right)_m}{\partial x_m \partial z_m} \end{array}\right\} \quad (2.2)$$

满足几何方程，即

$$\left.\begin{array}{l} \left(\varepsilon_x\right)_m = \dfrac{\partial u_m}{\partial x_m} \\[4mm] \left(\varepsilon_y\right)_m = \dfrac{\partial v_m}{\partial y_m} \\[4mm] \left(\varepsilon_z\right)_m = \dfrac{\partial w_m}{\partial z_m} \\[4mm] \left(\gamma_{xy}\right)_m = \dfrac{\partial v_m}{\partial x_m} + \dfrac{\partial u_m}{\partial y_m} \\[4mm] \left(\gamma_{yz}\right)_m = \dfrac{\partial w_m}{\partial y_m} + \dfrac{\partial v_m}{\partial z_m} \\[4mm] \left(\gamma_{zx}\right)_m = \dfrac{\partial u_m}{\partial z_m} + \dfrac{\partial w_m}{\partial x_m} \end{array}\right\} \quad (2.3)$$

模型表面各点还应满足边界条件，即

$$\left.\begin{array}{l} \left(\overline{\sigma}_x\right)_m = \left(\sigma_x\right)_m\cos(x_m,\ n_m) + \left(\tau_{xy}\right)_m\cos(y_m,\ n_m) + \left(\tau_{xz}\right)_m\cos(z_m,\ n_m) \\[3mm] \left(\overline{\sigma}_y\right)_m = \left(\tau_{yx}\right)_m\cos(x_m,\ n_m) + \left(\sigma_y\right)_m\cos(y_m,\ n_m) + \left(\tau_{yz}\right)_m\cos(z_m,\ n_m) \\[3mm] \left(\overline{\sigma}_z\right)_m = \left(\tau_{zx}\right)_m\cos(x_m,\ n_m) + \left(\tau_{zy}\right)_m\cos(y_m,\ n_m) + \left(\sigma_z\right)_m\cos(z_m,\ n_m) \end{array}\right\}$$

$$(2.4)$$

式中：n 为边界的法线。

由于是线弹性静力学模型试验，因此模型材料还应满足胡克定律，即

$$\left.\begin{array}{l}(\varepsilon_x)_m = \dfrac{1}{E_m}\left\{(\sigma_x)_m - \mu_m\left[(\sigma_y)_m + (\sigma_z)_m\right]\right\} \\[2mm] (\varepsilon_y)_m = \dfrac{1}{E_m}\left\{(\sigma_y)_m - \mu_m\left[(\sigma_x)_m + (\sigma_z)_m\right]\right\} \\[2mm] (\varepsilon_z)_m = \dfrac{1}{E_m}\left\{(\sigma_z)_m - \mu_m\left[(\sigma_y)_m + (\sigma_x)_m\right]\right\} \\[2mm] (\gamma_{xy})_m = \dfrac{1}{G_m}(\tau_{xy})_m \\[2mm] (\gamma_{yz})_m = \dfrac{1}{G_m}(\tau_{yz})_m \\[2mm] (\gamma_{zx})_m = \dfrac{1}{G_m}(\tau_{zx})_m \end{array}\right\} \tag{2.5}$$

其中，

$$G_m = \frac{E_m}{2(1+\mu_m)} \tag{2.6}$$

式中：E_m、μ_m 和 G_m 分别为模型材料的弹性模量、泊松比和剪切弹性模量。

将各相似常数代入式(2.1)~式(2.5)，当相似常数满足以下关系式时，原型与模型的平衡方程、相容方程、几何方程、边界条件及物理方程均恒等。

$$\frac{C_\sigma}{C_L C_X} = 1 \tag{2.7}$$

$$\frac{C_\varepsilon C_L}{C_\delta} = 1 \tag{2.8}$$

$$C_\mu = 1 \tag{2.9}$$

$$\frac{C_\varepsilon C_E}{C_\sigma} = 1 \tag{2.10}$$

$$\frac{C_{\bar{\sigma}}}{C_\sigma} = 1 \tag{2.11}$$

式(2.7)~式(2.11)即为线弹性模型的相似判据。其中，式(2.7)和式(2.8)是满足平衡方程、相容方程和几何方程的相似判据，式(2.9)和式(2.10)是满足物理方程的相似判据，式(2.11)是满足边界条件的相似判据。

对于混凝土坝，承受的主要荷载有上下游坝面的静水压力和自重。静水压力是面力，可表示为

$$\overline{\sigma}_m = \gamma_m h_m, \quad \overline{\sigma}_p = \gamma_p h_p \qquad (2.12)$$

式中：h 为水头；γ 为水的容重。

　　自重是体积力，可表示为：

$$X_m = \rho_m g, \quad X_p = \rho_p g \qquad (2.13)$$

式中：g 为重力加速度；ρ 为混凝土的密度。

　　利用式 (2.7)～式 (2.11)，并将式 (2.9) 乘以式 (2.7)，同时考虑式 (2.12) 和式 (2.13)，可得到考虑自重及水压力作用时，混凝土坝线弹性结构模型试验还应满足如下相似判据

$$C_\gamma = C_\rho \qquad (2.14)$$

$$C_\sigma = C_L C_\gamma \qquad (2.15)$$

$$C_\varepsilon = \frac{C_L C_\gamma}{C_E} \qquad (2.16)$$

$$C_\delta = \frac{C_L^2 C_\gamma}{C_E} \qquad (2.17)$$

　　对于小变形结构，模型试验不严格要求变形后的模型与变形后的原型几何形状相似。

　　若表征物理现象的物理量之间的因数关系未知，但已知影响该物理现象的物理量时，可用量纲分析法模拟该物理现象。量纲分析的优点是可根据经验公式进行模型设计，但量纲分析法只适用于几何相似的结构模型。

2.2　破坏模型的相似判据

　　混凝土和岩土体都是弹塑性材料。进行模型破坏试验时，不仅要求在弹性阶段模型的应力和变形状态应与原型相似，而且要求在进入塑性阶段并直至破坏，模型的应力和变形状态也应与原型相似。

　　对于破坏模型试验，同样应遵循平衡方程、相容方程、几何方程和边界条件方程，同时，模型材料的物理方程和强度条件也应与原型相似。除上述已约定相似常数外，增加约定如下相似常数。

塑性应变相似常数：$\quad C_{\varepsilon_p} = \dfrac{(\varepsilon_p)_p}{(\varepsilon_p)_m}$

抗拉强度相似常数：$\quad C_{R_t} = \dfrac{(R_t)_p}{(R_t)_m}$

抗压强度相似常数：$\qquad C_{R_c} = \dfrac{(R_c)_p}{(R_c)_m}$

极限拉应变相似常数：$\qquad C_{\varepsilon_t} = \dfrac{(\varepsilon_t)_p}{(\varepsilon_t)_m}$

极限压应变相似常数：$\qquad C_{\varepsilon_c} = \dfrac{(\varepsilon_c)_p}{(\varepsilon_c)_m}$

凝聚力相似常数：$\qquad C_c = \dfrac{c_p}{c_m}$

内摩擦系数相似常数：$\qquad C_f = \dfrac{f_p}{f_m}$

时间相似常数：$\qquad C_t = \dfrac{t_p}{t_m}$

简单加载时模型的物理方程为：

$$\left.\begin{array}{l}
(\sigma_x)_m - (\sigma_m)_m = 2G'_m\big[(\varepsilon_x)_m - (\varepsilon_v)_m\big] \\
(\sigma_y)_m - (\sigma_m)_m = 2G'_m\big[(\varepsilon_y)_m - (\varepsilon_v)_m\big] \\
(\sigma_z)_m - (\sigma_m)_m = 2G'_m\big[(\varepsilon_z)_m - (\varepsilon_v)_m\big] \\
(\tau_{yz})_m = G'_m (\gamma_{yz})_m \\
(\tau_{zx})_m = G'_m (\gamma_{zx})_m \\
(\tau_{xy})_m = G'_m (\gamma_{xy})_m
\end{array}\right\} \qquad (2.18)$$

式中：σ_m 为静水压力；ε_v 为体积应变；G' 为剪切模量，采用幂次强化模型作为混凝土超出弹性极限的应力应变关系，则

$$G' = \frac{E[1 - \omega(\varepsilon)]}{2(1 + \mu)} \qquad (2.19)$$

式中：$\omega(\varepsilon)$ 为应变 ε 的函数。

将相应的相似常数代入后，得到补充的破坏模型相似判据：

$$C_\varepsilon = 1 \qquad (2.20)$$

超出弹性阶段后，结构受到的荷载作用已非单调，此时还应满足塑性应变相等的条件，即 $(\varepsilon_p)_m = (\varepsilon_p)_p$，$\varepsilon_p$ 为塑性应变。塑性应变中若考虑时间因素（即考虑黏塑性），则须考虑时间相似常数 C_t，但目前模型试验很难做到。

归纳以上所述，弹塑性材料的相似判据为：

$$\frac{C_\sigma}{C_X C_L} = 1 \qquad (2.21)$$

15

$$C_\mu = 1 \tag{2.22}$$

$$C_\varepsilon = 1 \tag{2.23}$$

$$\frac{C_E}{C_\sigma} = 1 \tag{2.24}$$

$$\frac{C_\delta}{C_L} = 1 \tag{2.25}$$

$$\frac{C_{\bar\sigma}}{C_\sigma} = 1 \tag{2.26}$$

$$C_{\varepsilon_p} = 1 \tag{2.27}$$

由式(2.23)和式(2.27)可知，弹塑性模型的应力应变关系曲线满足如下关系：

$$\left.\begin{array}{c} \varepsilon_m = \varepsilon_p \\[2mm] \sigma_m = \dfrac{E_m}{E_p}\sigma_p \end{array}\right\} \tag{2.28}$$

式(2.28)中，下标 m、p 分别表示模型和原型。

大量混凝土强度试验证明，在多轴应力作用下，混凝土强度基本服从库仑-摩尔强度理论或格里菲思强度理论。格里菲思强度理论把材料内部随机分布的缺陷视为椭圆形裂缝，并且认为一旦裂缝上某点的最大拉应力达到理论强度值，材料即从该点开始发生脆性断裂，其理论公式为：

$$(\tau_{xy}^2)_m - 4(R_t)_m[(\sigma_y)_m + (R_t)_m] = 0 \tag{2.29}$$

式中：$(R_t)_m$ 为模型材料的抗拉强度。

当 $(\sigma_y)_m = 0$ 时，式(2.29)变为 $(\tau_{xy}^2)_m - 4(R_t^2)_m = 0$，$(\tau_{xy})_m$ 相当于模型材料的凝聚力 c_m。根据修正的格里菲思强度理论，可求出抗压强度和抗拉强度的关系如下：

$$\frac{(R_c)_m}{(R_t)_m} = \frac{4}{\sqrt{1 + f_m^2} - f_m} \tag{2.30}$$

式中：$(R_c)_m$ 为模型材料的抗压强度；f_m 为模型材料的内摩擦系数。

将各相似常数代入式(2.29)和式(2.30)后，可得到破坏模型试验应满足的强度相似判据，即

$$\frac{C_\sigma}{C_{R_t}} = 1 \tag{2.31}$$

$$\frac{C_\tau}{C_{R_t}} = 1 \tag{2.32}$$

$$\frac{C_{R_c}}{C_{R_t}} = 1 \qquad (2.33)$$

$$C_f = 1 \qquad (2.34)$$

破坏模型试验还应满足材料变形相似判据，即

$$C_{\varepsilon_t} = 1 \qquad (2.35)$$

$$C_{\varepsilon_c} = 1 \qquad (2.36)$$

式中：ε_t、ε_c 分别为材料的单轴极限拉应变和单轴极限压应变。

完全满足上述 7 个弹塑性材料相似判据（式（2.21）~式（2.27））、4 个强度相似判据（式（2.31）~式（2.34））和 2 个变形相似判据（式（2.35）和式（2.36））的模型称为完全相似模型。在实际模型试验中，要得到完全相似的模型材料通常是不可能的，主要原因是模型材料的 γ_m、ρ_m、E_m、μ_m、$(R_c)_m$、$(R_t)_m$、f_m、c_m、$(\varepsilon_c)_m$、$(\varepsilon_t)_m$ 等都是独立的物理量，当满足了某个或某几个相似判据后，就不一定能满足其他的相似判据。因此，实际模型破坏试验只能满足主要的相似判据，这样的模型称为基本相似模型。

2.3 地质力学模型的相似判据

地质力学模型试验是破坏模型试验的一种，因此，要求模型材料与原型材料之间在整个弹塑性阶段以及发生破坏的全过程相似，即地质力学模型试验应满足破坏模型试验的相似判据。

水工建筑物地质力学模型试验的特点是将水工建筑物与基础岩体作为整体结构进行模型试验，考虑建筑物与基础岩体的联合作用。因此，必须既满足建筑物模型与原型的相似性，同时也要满足岩体模型与原型的相似性。

自然界的岩体历经无数次地壳运动，断层、节理、裂隙等各类软弱结构面纵横交错，这些软弱结构面削弱了岩体的强度和完整性，使岩体具有非均质性和各向异性。鉴于岩体的复杂性，对岩体完全真实的模拟是做不到的，模型试验应依据研究内容及工程要求，对岩体的主要结构特征进行模拟，使模型合理、可靠和接近真实。岩体模拟包括岩体的几何结构模拟、地质构造模拟、初始应力场模拟、物理力学特性模拟以及受力条件模拟等。

在地质力学模型试验中，岩体自重起着重要的作用，进行地质力学模型试验时，需模拟材料的自重，这是地质力学模型试验最重要的特点，因此模型材料应满足的基本相似判据为 $C_E = C_\gamma C_L$，通常取

$$C_\gamma = 1 \qquad (2.37)$$

17

即 $C_E = C_L$，同时要求 $C_E = C_R$，C_R 为强度相似常数。

显然，模型的几何比尺越大，要求模型材料的弹性(变形)模量越低。高容重、低弹模、低强度材料的研究是地质力学模型试验和材料科学研究的重要课题。

地质力学模型试验中，模型材料选取、模块制作、加载设计等将在本书第 6 章结合实际工程的地质力学模型试验进行详细讨论。

2.4　钢筋混凝土结构模型的相似判据

钢筋混凝土结构在破坏阶段，通常会出现混凝土开裂、压坏、混凝土与钢筋粘结破坏，以及钢筋屈服等现象，所以钢筋混凝土结构模型试验一般不采用相似材料，而是直接采用原型材料进行试验，因此，满足相似判据 $C_\sigma = C_\varepsilon = C_E = C_X = C_{\bar\sigma} = 1$，但不能满足相似判据 $\dfrac{C_\sigma}{C_L C_X} = 1$。对于一般静力结构模型，模型自重引起的应力通常比较小，常常忽略其影响。

当混凝土结构开裂后，其破坏形态不仅与材料的物理力学参数相关，而且与结构类型、钢筋配置等密切相关，具有明显的尺寸效应和结构效应。例如裂缝宽度，不能直接将模型的裂缝宽度乘以 C_L 当做原型的裂缝宽度，这是因为裂缝宽度不仅与结构尺寸有关，而且与混凝土保护层、钢筋应力、配筋情况等有关。要使钢筋混凝土开裂后结构破坏形态相似，必须保证混凝土模型和原型的抗拉和抗压强度及相应应变、混凝土与钢筋的黏结强度、配筋率、钢筋布置等相似。

2.5　坝体混凝土温度应力模型的相似判据

近年来，中国建造了一系列超高混凝土坝。对于这些大体积水工混凝土建筑物而言，在某些部位由于温度变化引起的应力常常超过由正常荷载引起的应力，导致混凝土结构产生裂缝。温度场发生变化，将引起应力场发生相应的变化。混凝土中各点的温度遵循固体的热传导方程。有热源的热传导方程为：

$$\frac{\partial T}{\partial t} = a\left(\frac{\partial^2 T}{\partial x^2} + \frac{\partial^2 T}{\partial y^2} + \frac{\partial^2 T}{\partial z^2}\right) + \frac{\partial \theta}{\partial t} \tag{2.38}$$

式中：T 为温度；t 为时间；a 为导热系数，$\mathrm{m^2/h}$；θ 为绝热温升，即绝热条件下由内部热源引起的温度上升。

在水泥水化热的影响下，混凝土的绝热温升可表示为：

$$\theta = \theta_0(1 - e^{-mt})$$

$$\frac{\partial \theta}{\partial t} = m\theta_0 e^{-mt} \qquad\qquad (2.39)$$

式中：θ_0 为最终绝热温升；m 为与水泥品种、比表面积及浇注温度有关的常数。

约定如下相似常数：

温度相似常数： $C_T = \dfrac{T_p}{T_m}$

导热系数相似常数： $C_a = \dfrac{a_p}{a_m}$

混凝土最终绝热温升相似常数： $C_{\theta_0} = \dfrac{(\theta_0)_p}{(\theta_0)_m}$

m 系数相似常数： $C_m = \dfrac{m_p}{m_m}$

线膨胀系数相似常数： $C_\alpha = \dfrac{\alpha_p}{\alpha_m}$

将各相似常数代入式(2.38)和式(2.39)，得到温度场相似判据：

$$\frac{C_a C_t}{C_L^2} = 1 \qquad\qquad (2.40)$$

$$\frac{C_\theta}{C_T} = 1 \qquad\qquad (2.41)$$

$$C_m C_t = 1 \qquad\qquad (2.42)$$

对于无内部热源的温度场，仅须满足相似判据式(2.40)。

下面研究弹性范围内的温度应力。根据热弹性理论，当无外力作用时，由温度变化引起的模型变形方程为：

$$\left. \begin{array}{l} (\lambda_m + G_m)\dfrac{\partial e_m}{\partial x_m} + G_m \nabla^2 u_m - \dfrac{\alpha_m E_m}{1 - 2\mu_m}\dfrac{\partial T_m}{\partial x_m} = 0 \\[3mm] (\lambda_m + G_m)\dfrac{\partial e_m}{\partial y_m} + G_m \nabla^2 v_m - \dfrac{\alpha_m E_m}{1 - 2\mu_m}\dfrac{\partial T_m}{\partial y_m} = 0 \\[3mm] (\lambda_m + G_m)\dfrac{\partial e_m}{\partial z_m} + G_m \nabla^2 w_m - \dfrac{\alpha_m E_m}{1 - 2\mu_m}\dfrac{\partial T_m}{\partial z_m} = 0 \end{array} \right\} \qquad (2.43)$$

其中，
$$e_m = (\varepsilon_x)_m + (\varepsilon_y)_m + (\varepsilon_z)_m$$

$$\lambda_m = \frac{\mu_m E_m}{(1 + \mu_m)(1 - 2\mu_m)}$$

$$\nabla^2 = \frac{\partial^2}{\partial x_m^2} + \frac{\partial^2}{\partial y_m^2} + \frac{\partial^2}{\partial z_m^2}$$

式中：α 为线膨胀系数。

模型的物理方程为：

$$\left.\begin{array}{l} (\varepsilon_x)_m - \alpha_m T_m = \dfrac{1}{E_m}\left\{(\sigma_x)_m - \mu_m[(\sigma_y)_m + (\sigma_z)_m]\right\} \\[3mm] (\varepsilon_y)_m - \alpha_m T_m = \dfrac{1}{E_m}\left\{(\sigma_y)_m - \mu_m[(\sigma_x)_m + (\sigma_z)_m]\right\} \\[3mm] (\varepsilon_z)_m - \alpha_m T_m = \dfrac{1}{E_m}\left\{(\sigma_z)_m - \mu_m[(\sigma_x)_m + (\sigma_y)_m]\right\} \end{array}\right\} \quad (2.44)$$

将相关的相似常数代入式（2.43）和式（2.44），得到温度应力相似判据：

$$\frac{C_\varepsilon C_L}{C_\delta} = 1 \tag{2.45}$$

$$C_\mu = 1 \tag{2.46}$$

$$\frac{C_\alpha C_T}{C_\varepsilon} = 1 \tag{2.47}$$

$$\frac{C_\varepsilon C_E}{C_\sigma} = 1 \tag{2.48}$$

由温度应力相似判据式（2.45）~ 式（2.48）可得到模拟温度应力的主要关系式：

$$\left.\begin{array}{l} \dfrac{\varepsilon_p}{\varepsilon_m} = \dfrac{\alpha_p T_p}{\alpha_m T_m} \\[3mm] \dfrac{\delta_p}{\delta_m} = \dfrac{L_p \alpha_p T_p}{L_m \alpha_m T_m} \\[3mm] \dfrac{\sigma_p}{\sigma_m} = \dfrac{E_p \alpha_p T_p}{E_m \alpha_m T_m} \end{array}\right\}$$

为求得偏微分方程（2.38）和偏微分方程（2.43）的特定解，必须满足初始条件和边界条件，因此，还应求出满足这些条件的相似判据。有兴趣的读者，可查阅相关文献资料。

2.6 渗流模型的相似判据

坝基岩体通常处于水下，承受渗透体积力的作用。渗透体积力对坝基岩体的应力应变及稳定性起着重要作用，渗流模型试验通常按照重力相似准则设计。

约定如下相似常数：

弗汝德数相似常数：

$$C_{Fr} = \frac{Fr_p}{Fr_m}$$

流速相似常数：

$$C_v = \frac{v_p}{v_m}$$

渗透坡降相似常数：

$$C_J = \frac{J_p}{J_m}$$

流量相似常数：

$$C_Q = \frac{Q_p}{Q_m}$$

渗流模型试验应满足几何相似、运动相似、动力相似等。按照重力相似准则，坝基岩体渗流模型须满足以下相似准则：

$$C_v = (C_L)^{\frac{1}{2}} \tag{2.49}$$

$$C_t = (C_L)^{\frac{1}{2}} \tag{2.50}$$

$$C_{Fr} = 1 \tag{2.51}$$

$$C_J = 1 \tag{2.52}$$

第3章 模型材料

进行模型试验，首先要研究和选择合适的模型材料。通常采用的天然材料有：石膏、石灰、石英砂、河砂、黏土、木屑等。人工材料有：水泥、氧化锌、石蜡、松香、树脂等。模型试验过程中，模型材料的主要物理量应与原型材料相似。水工模型试验包括建筑物（坝体）和基础岩体两部分，坝体与基岩的物理力学性质不同，所选用的模型材料及配比也不同。

对于弹性模型试验，模型材料应具有线性应力应变关系，卸载后材料可恢复到原来的状态。

对于破坏模型试验，为了能够反映破坏部位、破坏形式以及破坏过程，模型材料除应满足上述基本要求外，还要求模型材料与原型材料的力学变形特性自试验开始直至破坏的整个阶段都保持相似，即模型材料与原型材料的应力应变关系在整个极限荷载范围内都满足相似要求。同时，为了保证模型和原型在相似荷载作用下有相同的破坏模式，材料的极限强度（拉、压、剪）也应有相同的相似常数。在单向、两向或三向应力状态中，都必须满足这一相似要求，否则模型和原型材料的莫尔强度包络线不能维持几何相似。

对于地质力学模型试验，自重占有重要的地位，要求模型材料和原型材料的容重大致相同。

模型材料通常应具备以下特性：

①模型材料的物理力学性能稳定，不易随环境条件（温度、湿度等）和时间有明显的变化。

②由于不同结构、不同部位（例如混凝土坝体和基岩）材料的弹性模量可能相差很大，所以要求制作模型的材料，其弹性模量有较大的可调节范围。

③模型和原型材料的泊松比应相同或接近。

④容易成型及加工制作。

意大利等国研究的一类模型材料，是将铅氧化物（PbO 或者 Pb_3O_4）和石膏混合，为了调节强度，有时掺入膨润土、砂子或钛铁矿粉等。这类材料的主要优点是与岩体的相似性较好，也可达到较高的容重，改变配比时，材料性能可在较大范围内变化；但这类模型材料价格昂贵，而且铅氧化物有毒，中国采用较少。另一类模型材料是将环氧树脂、重晶石粉、甘油等混合而成的混合料，这类材料的强度与弹性模量均较高，但缺点较多，使用有较大的局限性。

20世纪90年代初，原武汉水利电力学院(现武汉大学水利水电学院)结合漫湾混凝土重力坝、宝珠寺混凝土重力坝和东江混凝土拱坝地质力学模型试验，研究了浇筑成型和压制成型两大类地质力学模型材料，主要成分有石膏、重晶石粉及掺合料等，进行了大量的材料配比试验，测试其基本力学性能，提出了不少有参考价值的研究成果，将在本书3.2节中详细介绍。

3.1 脆性材料结构模型试验

脆性材料是指抗压强度比抗拉强度大很多的材料，如混凝土、岩体等，石膏也具有此性质。

通常以材料的极限抗压强度 R_c 和极限抗拉强度 R_t 之比 n 来表示材料的脆性程度。一般地，混凝土 $n = 10 \sim 15$，岩体还要大一些，石膏 $n = 4 \sim 5$。

3.1.1 石膏及石膏混合料

石膏的性质和混凝土、岩体较为接近，均属于脆性材料。一方面，石膏的抗压强度大于抗拉强度，泊松比约为0.2，通过调节配合比可以得到弹性模量为 $1 \times 10^3 \sim 5 \times 10^3$ MPa 的模型材料。同时，石膏材料成型方便，易于加工，性能较稳定，取材容易，价格较低，非常适合制作线弹性应力模型，因此在各种坝工及其他混凝土结构模型试验中得到了广泛的应用。另一方面，石膏的弹性模量可调节范围还不够大，极限抗压强度与抗拉强度的比值还较小(约为混凝土的1/2)，因此石膏的应用也受到一定的限制。

石膏混合料是以石膏为基本胶结材料，通过在石膏浆中加入不同的掺合料，并适当选择配合比，使石膏混合料的弹性模量在 $50 \sim 1 \times 10^4$ MPa 范围内，泊松比在 0.15 ~ 0.20 范围内，极限抗压强度与极限抗拉强度之比在 5~10 范围内。合适的掺合料可改善石膏模型材料的力学特性和变形特性，从而扩大了石膏模型的应用范围。

石膏及其石膏混合料的性质与石膏的磨细度、掺水量、初凝时间和终凝时间，以及原料产地、煅烧工艺等因素有关。增大磨细度，可提高模型材料的强度；增大掺水量，将减缓石膏凝固，降低模型材料的强度和密实度；缩短初凝和终凝时间，可降低模型材料的强度；不同批次的原材料，制作的模型材料的性质不一定能保持一致,因此,对每批浇筑的模型材料,均必须进行性能测定。

掺合料可以是粉末状的,如硅藻土、各种岩粉、粉煤灰等;也可以是颗粒状的,如砂类、浮石、膨胀珍珠岩、橡皮屑、沥青炒锯木屑等。

(1)石膏

石膏模型材料是由天然石膏矿石(主要是二水石膏 $CaSO_4 \cdot 2H_2O$,俗称生石膏),经煅烧脱水成为半水石膏($CaSO_4 \cdot \frac{1}{2}H_2O$,俗称熟石膏),磨细而成,属气硬性胶凝材料。半水石膏遇水反应,生成二水石膏,即

$$CaSO_4 \cdot \frac{1}{2}H_2O + 1\frac{1}{2}H_2O \xlongequal{\hspace{1cm}} CaSO_4 \cdot 2H_2O$$

在此化学反应过程中,放出一定热量,形成胶体微粒状的晶体。二水石膏的结晶体再相互联结形成粗大的晶体,即形成硬化的石膏。

石膏的硬化时间主要取决于水膏比。若水膏比小,则凝结速度快,浇模将会有困难。在石膏浆中掺入适量的缓凝剂,例如亚硫酸酒精废液或磷酸氢二钠等,用量为石膏重量的 0.5%~1.0%,可以延缓石膏的初凝时间。

半水石膏在凝结和硬化的初期,具有体积膨胀的特点(约为1%),因此石膏浇筑的模型比较丰满密实。但是进一步硬化和干燥后,会略有收缩,而且水膏比越大,收缩越显著。

硬化的石膏,其性质(主要是强度和变形特性)与石膏粉的磨细度、水膏比以及其他因素有关。同一批石膏材料,其物理力学性质主要取决于水膏比的大小,半水石膏变为二水石膏的硬化结晶过程中,所需水量不到石膏重量的1/5,未参与反应的多余水分在干燥过程中蒸发,使石膏内部形成很多气孔。因此,随着水膏比增大,材料的强度、弹性模量以及容重将随之降低,见表3.1。石膏材料之所以广泛地用作弹性结构模型材料,正是利用了这一特性。由表3.1可以看出,材料的强度越高,其弹性模量也越高;石膏的泊松比约为0.2,接近混凝土和岩体的泊松比。由于横向变形较小,泊松比很难准确测量,且随水膏比的变化规律不明显。

表3.1　　　　　　　　**石膏材料的物理力学性质**

水膏比 (重量比)	抗压强度 R_c (MPa)	抗拉强度 R_t (MPa)	R_c/R_t	弹性模量 E(MPa)	泊松比 μ	密度 (g/cm^3)
0.7	12.93	1.92	6.73	6280	0.197	1.047

续表

水膏比 （重量比）	抗压强度 R_c （MPa）	抗拉强度 R_t （MPa）	R_c/R_t	弹性模量 E(MPa)	泊松比 μ	密度 （g/cm³）
1.0	5.33	1.33	4.01	3490	0.198	0.844
1.3	4.02	1.02	3.94	2320	0.169	0.714
1.5	2.91	0.76	3.83	1650	0.200	0.632
2.0	1.58	0.33	4.79	1000	0.204	0.482

（注：摘自陈兴华等编．脆性材料结构模型试验．北京：水利电力出版社，1984.）

图 3.1 和图 3.2 为石膏材料强度与水膏比的关系曲线，可以看出，材料的抗压、抗拉强度均随水膏比的增大而减小。

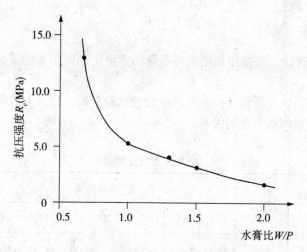

图 3.1　抗压强度与水膏比 W/P 的关系曲线

模型材料常用水膏比为 1.0～2.0，水膏比小于 1.0 时，材料性质不易控制，而水膏比大于 2.0 时，浇模时水的离析现象会比较严重，使材料硬化后呈现不均匀性，上下层弹性模量相差可达 20% 以上。实际应用时，当水膏比为 1.0～2.0 时，材料的压缩弹性模量 E 与水膏比 K 的关系可采用以下经验公式估算(陈兴华等，1984)：

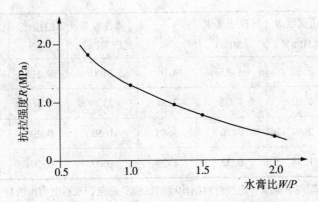

图 3.2　抗拉强度与水膏比 W/P 的关系曲线

$$E = 3.6\left(\frac{1}{K} - 0.1K\right) \times 10^3 (\text{MPa})$$

$$K = \frac{W}{P}$$

式中：K 为水膏比，是指拌和用水与石膏的重量比；W 为水的重量；P 为石膏的重量。

表 3.2 和图 3.3 是长江科学院等单位的试验资料，以及上述经验公式表达的材料弹性模量与水膏比的关系。

表3.2　　　　　　　　　　　　弹性模量与水膏比的关系

弹性模量 E （MPa）	水膏比 K									
	0.7	0.8	1.0	1.2	1.3	1.4	1.5	1.6	1.8	2.0
长江科学院		5800	3880	2820		2300		1560	1190	900
中国水利 水电科学研究院	6280		3490		2320		1650			1000
原华东水利学院		5210	3160		2280		1960			1220
经验公式			3240	2570	2300	2070	1860	1670	1350	1080

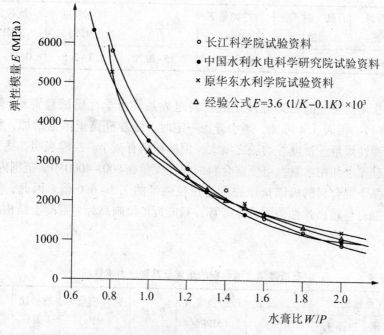

图.3.3 材料弹性模量与水膏比关系曲线

试验资料表明,石膏材料在压缩和拉伸时弹性模量相差很小,实际应用中可不加以区别。

需要注意的是,石膏具有易吸湿、用量敏感等特性,对于石膏模型材料,应做好防潮处理。

(2)石膏硅藻土混合料

硅藻土是由硅藻类水生物的介壳形成的,成分以无定形的二氧化硅为主,属于水硬性掺合料。硅藻土吸水性很强,作为惰性材料掺入石膏浆中可以吸收多余的水分,减少析水性。尤其是当水膏比较大时,掺入硅藻土可以改善材料的均质性。

石膏硅藻土混合料作为模型材料首先在美国包德坝(Boulder dam)模型试验中采用,其后在葡萄牙得到了发展,表3.3是葡萄牙国家土木工程研究所(LNEC)通常采用的重量配合比及其力学性质。中国、日本等国家也将石膏硅藻土混合料应用于大坝结构模型试验中。

表 3.3   LNEC 采用的石膏硅藻土组成及其力学性质

水：石膏（重量比）	石膏：硅藻土（重量比）	弹性模量 E（MPa）	泊松比	抗压强度（MPa）	抗拉强度（MPa）
1.5：1.0	3：1	1600~2000	0.15~0.20	2.3~2.6	0.35~0.45

表 3.4 是整理的石膏硅藻土混合料组成及其力学性质试验资料（陈兴华等，1984）。由表 3.4 可见，当水膏比一定时，随着硅藻土掺量增加，材料的强度、弹性模量、密度等均随之增大，但体积稍有减小。经验表明，适当调节石膏、硅藻土和用水量，可使混合料的弹性模量在 800~4000MPa 范围内变动，石膏硅藻土混合料的极限抗压强度为抗拉强度的 3.5~6.0 倍。因此，当石膏硅藻土混合料超出弹性范围直至破坏，只能近似反映高标号混凝土结构的破坏特性。

表 3.4   石膏硅藻土混合料的组成及其物理力学性质

组成（重量比）			抗压强度 R_c（MPa）	抗拉强度 R_t（MPa）	R_c/R_t	弹性模量 E（MPa）	泊松比 μ	密度（g/cm³）
石膏	水	硅藻土						
1	2.0	0.3	1.18	0.32	3.7	858	0.179	0.573
1	2.0	0.5	1.32	0.36	3.7	974	0.188	0.645
1	2.0	0.8	1.57	0.38	4.1	1200	0.200	0.716
1	2.0	1.0	2.03	0.51	4.0		0.189	0.752
1	2.0	1.5	3.00	0.61	4.9	1960	0.195	0.884

当硅藻土掺入量接近或超过石膏的重量时，浆液稠度显著提高，流动性降低。

石膏硅藻土混合料的应力应变关系曲线，和纯石膏材料一样，呈良好的线性关系，且比例极限较高，特别适用于弹性范围的各种坝工结构模型试验材料。

硅藻土吸潮能力也较强，混合料的性质对湿度的变化较敏感，因此必须干燥存储，且使用前应进行含水量测定，加工好的模型表面，常常涂上清漆等进行防潮处理。

除了硅藻土，粉煤灰、水泥、砂子以及膨胀珍珠岩、橡皮屑、沥青炒锯木屑等均可作为掺合料。掺加砂类或各种粉末类掺合料，可以提高材料的弹性模量；掺加膨胀珍珠岩、橡皮屑、沥青炒锯木屑等，可以降低材料的弹性模量。

表 3.5～表 3.7 也是陈兴华等人整理的由试验得到的一些石膏混合料的组成及其物理力学性质，可作为进行模型试验的参考。

表 3.5　　　　　　粉煤灰混合料的组成及其物理力学性质

组成(重量比)			抗压强度 R_c	抗拉强度 R_t	R_c/R_t	弹性模量 E	泊松比	密度
石膏	水	粉煤灰	（MPa）	（MPa）		（MPa）	μ	（g/cm³）
1	1.3	0.3	5.63	1.20	4.7	2990	0.158	0.813
1	1.3	0.6	7.04	1.24	5.7	3650	0.157	0.891
1	1.3	0.9	9.33	1.28	7.3	4540	0.165	0.981
1	2.0	0.3	1.48	0.33	4.5	970	0.177	0.539
1	2.0	0.6	2.89	0.56	5.2	1680	0.179	0.669
1	2.0	0.9	3.60	0.60	6.0	2150	0.181	0.740
1	2.0	1.2	4.02	0.74	5.4	2500	0.167	0.805

表 3.6　　　　　　水泥混合料的组成及其物理力学性质

组成(重量比)			抗压强度 R_c	抗拉强度 R_t	R_c/R_t	弹性模量 E	泊松比	密度
石膏	水	水泥	（MPa）	（MPa）		（MPa）	μ	（g/cm³）
1	1.3	0.1	6.10	1.16	5.3	2940	0.179	0.766
1	1.3	0.3	8.28	1.18	7.0	3360	0.180	0.863
1	1.3	0.5	9.95	1.20	8.3	3900	0.189	0.944
1	1.3	0.7	11.95	1.20	10.0	4510	0.188	1.036

表 3.7　　　　　　标准砂混合料的组成及其物理力学性质

组成(重量比)			抗压强度 R_c	抗拉强度 R_t	R_c/R_t	弹性模量 E	泊松比	密度
石膏	水	标准砂	（MPa）	（MPa）		（MPa）	μ	（g/cm³）
1	1.0	1.0	6.29	0.89	7.1	5050	0.160	1.245
1	1.0	2.0	6.33	0.66	9.6	6020	0.140	1.464
1	1.0	3.0	5.99	0.56	10.7	7260	0.139	1.663
1	1.0	4.0	4.81	0.51	9.4	8880	0.145	1.671

图 3.4 为珍珠岩掺量与材料弹性模量的关系曲线，可以看出，水膏比由
1.5 增加到 4.0，珍珠岩占石膏重量百分数由 0 增加到 180%，材料的弹性模量
由接近 1600 MPa 减小到接近 50MPa。因此，可以得出结论：水膏比一定时，
材料的弹性模量随着珍珠岩含量的增加而减小；珍珠岩含量一定时，材料的弹
性模量随着水膏比增加而减小。在石膏模型材料中加入珍珠岩，可获得 50MPa
左右的低弹性模量材料。在材料中加入加气剂，制备成泡沫石膏，也可得到低
弹性模量材料。

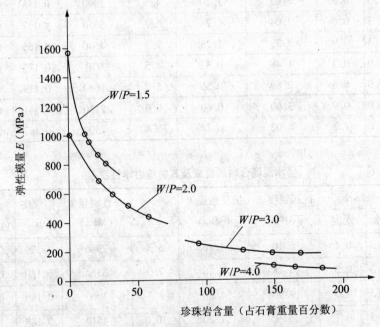

图 3.4 珍珠岩掺量对材料弹性模量影响曲线

在石膏中加入不同的掺合料，可改善模型材料的力学特性，提高材料的极
限抗压强度与极限抗拉强度，使石膏混合料显示出更高的脆性。石膏混合料模
型材料的弹性模量可在较大的范围内选择。因此，石膏混合料既可应用于弹性
模型试验，也可近似地应用于结构破坏等模型试验。

3.1.2 水泥混合料

水泥混合料是以水泥为基本胶凝材料，加入浮石或炉渣混合料或水泥砂浆

等，按适当配比制作而成。其中，水泥浮石混合料应用较为广泛。

浮石是一种多孔硅质岩石，天然浮石很轻，能浮于水面，干燥状态下抗压强度只有 1.5MPa 左右。由于浮石多孔隙且强度低，因此作为骨料制备成的水泥浮石混合料的力学性质较低，但与混凝土材料保持有较好的相似关系。

水泥浮石混合料是一种轻质混凝土，主要由水泥、不同粒径的浮石颗粒以及石灰石粉、膨润土、硅藻土等材料组成。

将水泥浮石混合料作为模型材料首先由意大利科学家奥伯梯(G. Oberti)提出并使用，是意大利贝加莫结构模型试验所开展破坏试验采用的主要模型材料。意大利结构模型试验所将用于模拟混凝土特性的水泥浮石混合料分为 A 型和 B 型两种，其组成及含量见表 3.8(陈兴华等，1984)。

表 3.8   **A 型及 B 型混合料组成及含量**

A 型混合料		B 型混合料	
组　成	含量	组　成	含量
粒径 3~7mm 利帕里浮石(L)	1000	粒径 2~4mm 拉蒂姆浮石(L)	1000
粒径 300~1000 筛孔/cm² 粉状灰岩(kg)	300	灰岩(kg)	300
硅藻土(kg)	20	硅藻土(kg)	15
膨润土(kg)	3	膨润土(kg)	2
波特兰水泥/水(kg)	100/140	波特兰水泥/水(kg)	80/88
	150/160		120/120
	200/180		160/144

表 3.8 中利帕里浮石是一种较纯硅质火山岩，力学强度很高；拉蒂姆浮石是一种硅质火山岩，有凝灰岩构造，多孔，力学强度较低。

按表 3.8 配比制备的混合料，其龄期为 28 天及 28 天以上时，可模拟正常温凝土的特性。A 型混合料通常用于大比例尺结构模型试验，B 型混合料通常用于小比例尺模型试验。

水泥浮石混合料弹性模量通常为 $2 \times 10^3 \sim 10^4$ MPa，极限抗拉强度为极限抗压强度的 7%~9%，泊松比为 0.185~0.2，与普通混凝土材料有很好的相似性。然而由于浮石强度低，水泥浮石混合料的莫尔圆包络线在高法向应力范围较混凝土材料稍显平坦。水泥浮石混合料既可用于弹性模型试验，也可用于破坏模型试验。

我国陈村重力拱坝、恒山拱坝、东江拱坝、湖南镇大头坝、新丰江支墩坝等模型试验中均采用了水泥浮石混合料，其组成包括不同粒径的浮石、水泥、石灰石粉、膨润土、硅藻土、白垩等，不同的配比可得到不同力学性质的模型材料。

水泥浮石混合料在干燥情况下，易失去水分产生裂缝，且材料性质的稳定性较差，目前我国已很少使用水泥浮石混合料进行水工模型试验。

3.2 地质力学模型试验

地质力学模型试验研究结构从施加荷载开始，经过弹性、弹塑性或黏弹性阶段直至破坏的整个发展过程。为了满足相似条件，地质力学模型材料除了满足一般性的要求外，还必须满足一些特殊要求，例如：①模型材料和原型材料的屈服应变及破坏应变应相等，即要求 $C_\varepsilon = 1$；②在测定结构承载能力的模型试验中，除 E 和 μ 外，还要考虑到与材料强度有关的各物理量的相似性；③在研究断层、破碎带、节理、裂隙等不连续结构面的强度特性时，除了满足摩擦系数相等以外，还必须满足材料的内摩擦角相等，以及材料的抗剪强度相似。

进行地质力学模型试验时，需模拟材料的自重，要求模型材料满足容重相似，这是地质力学模型试验的一个重要特点。高容重、低强度、低弹模材料是地质力学模型试验中的重要研究课题，模型材料研究也因此成为地质力学模型试验中的关键技术问题。

意大利等国研究的模型材料大都是以铅氧化物（PbO 或者 Pb_3O_4）与石膏混合，有的掺入膨润土、砂子或钛铁矿粉以调节强度。这种材料的主要优点是与岩体的相似性较好，可达到较高的容重；改变配比，可使材料性能在较大范围内变化。这是一类应用较为广泛的地质力学模型材料，但这类模型材料价格昂贵，而且铅氧化物有毒。

表 3.9 是国外一些地质力学模型试验采用的材料配比及其物理力学特性。

表 3.10 和图 3.5 是长江科学院研制的以石膏、重晶石粉、砂子和甘油为原料的模型材料，在不同配比情况下的部分试验成果。由表 3.10 可以看出，石膏用量一定时，重晶石粉与砂子的重量比越高，地质力学模型材料的抗压强度及变形模量就越大。

表3.9 国外一些地质力学模型材料配比及其力学特性

研究者	材料配比 （重量比）					材料的物理力学特性		
						密度 （g/cm³）	抗压强度 （MPa）	变形模量 （MPa）
ISMES	石膏 1.0		PbO粉 8.5~12.0	膨润土 0.14~0.22	水 1.85~2.59	3.58~3.65	0.77~0.30	550~300
	环氧树脂 1.0	重晶石粉 162.4~244.8	浮石粉 23.2~35.8	固化剂 1.0	甘油 2.5~3.8 ‖ 水 9.9~16.7	2.35~2.45	1.30~0.40	1150~2500
Barton	石膏 1.0		Pb₃O₄粉 4.8~8.0	砂及小米石 9.6~16.0	水 3.3~5.8	1.93~1.98	0.35~0.07	179*~25.2
LNEC	石膏 1.0		Pb₃O₄粉 16.0	钛铁矿粉 31.9	水 4.8	3.41	0.46	200*

（注：变形模量一栏中上角标有*者为弹性模量，其他为(10%~20%)R_c时的变形模量。）

表3.10 重晶石粉与砂子不同配比的力学变形性能试验成果

配比 重晶石粉∶砂	重晶石粉 （kg）	砂子 （kg）	石膏 （kg）	水 （kg）	甘油 （kg）	密度 （g/cm³）	抗压强度 （MPa）	变形模量 （MP）
1∶1	3.630	3.630	0.326	1.000	0.145	2.20	0.17	34
1.5∶1	4.360	2.900	0.326	1.000	0.145	2.30	0.19	35
2∶1	4.830	2.430	0.326	1.000	0.145	2.37	0.20	36
2.5∶1	5.200	2.070	0.326	1.000	0.145	2.40	0.23	38
3∶1	5.450	1.815	0.326	1.000	0.145	2.41	0.23	38
1∶2	2.430	4.830	0.326	1.200	0.145	1.94	0.10	25
1∶3	1.815	5.450	0.326	1.200	0.145	1.90	0.10	25
1∶1.5	4.360	6.540	0.490	1.600	0.218	2.07	0.13	29

表3.11和表3.12是清华大学研究的两种以石膏为胶结材料的地质力学模型材料的配比及试验结果，C_{43}是模拟的完好岩石，C_{63}是模拟的断层和破碎

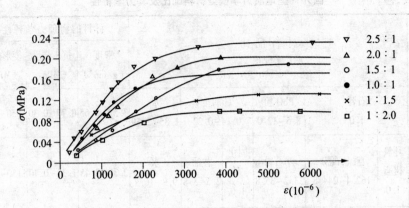

图 3.5 重晶石粉与砂子不同配比时地质力学模型材料应力应变曲线

带。材料中没有掺入砂子,主要是为了满足小块体加工的需要。有些材料在拌和时加入适量熟淀粉浆液以调节其固结强度。图 3.6 是材料的应力应变关系曲线。

表 3.11 　　　　　　　　模型材料 C_{43}、C_{63} 配比及力学特性

材料编号	配　比(重量比)					密度(g/m^3)	抗压强度(MPa)	抗拉强度(MPa)	变形模量(MPa)	
	石膏	重晶石粉	水	甘油	淀粉				单个试件	块体组合
C_{43}	1	35	6.8	0.86	0.136	2.40	0.382	0.053	314	20.4~31.4
C_{63}	1	25	5.5	2.37		2.30	0.097		71	

(注: 表中变形模量为 20% R_c 时的变形模量,R_c 为抗压强度。)

表 3.12 　　　　　　　　模型材料 C_{43}、C_{63} 力学性能

材料编号	应力(MPa)	0.1	0.2	0.3	0.4	0.5	0.6	0.8	1.0	1.5	2.0
C_{43}	弹性模量(MPa)	589	588		571		521.7	485	442	330	230
	变形模量(MPa)	530	526		488		395	314	247	147	90.9
C_{63}	弹性模量(MPa)	286	190	157	100	69					
	变形模量(MPa)	110	71	48	29	16					

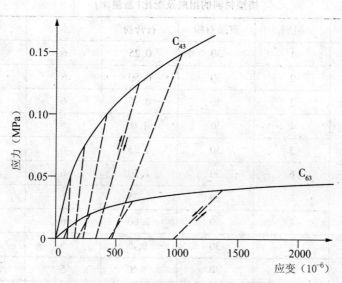

图 3.6 C_{43}、C_{63} 模型材料应力应变关系曲线

20 世纪 90 年代,原武汉水利电力学院(现武汉大学水利水电学院)结合漫湾混凝土重力坝和东江混凝土拱坝地质力学模型试验开展了材料研究。根据工程任务,研究了浇筑成型与压制成型两大类地质力学模型材料,进行了大量不同配比及其基本力学性能的测试工作,提出了不少可供参考的研究成果。下面简单介绍这两大类地质力学模型材料。

3.2.1 浇筑类地质力学模型材料

(1)组成及配比

浇筑类地质力学模型材料由重晶石粉、石膏粉、甘油和水按一定配比拌和均匀,然后浇筑入模,脱模后在一定的温度条件下干燥,最后加工成型。

材料研究共设计了 4 类 20 组配比(表 3.13),进行了 600 多个试件的测试工作,提出了可供地质力学模型设计参考的曲线及经验公式。

(2)试件及取值标准

抗压强度试验采用 7.07cm×7.07cm×7.07cm 立方体试件,加载速度为 0.04MPa/min,以每组 4 个试件的算术平均值作为取值标准。

抗拉强度试验采用 3cm×3cm×15cm 的 8 字模试件,以每组在试件中部断裂的抗拉强度的算术平均值作为取值标准。

表 3.13　　　　　　　　　　模型材料的组成及配比 (重量比)

类别	组别	重晶石粉	石膏粉	水	甘油
I	1	30	0.25	6	1.2
	2	30	0.50	6	1.2
	3	30	0.75	6	1.2
	4	30	1.0	6	1.2
	5	30	1.25	6	1.2
	6	30	1.50	6	1.2
	7	30	1.75	6	1.2
	8	30	2.00	6	1.2
II	9	30	0.8	5	2.0
	10	30	0.8	5	1.7
	11	30	0.8	5	1.4
	12	30	0.8	5	1.1
	13	30	0.8	5	0.8
	14	30	0.8	5	2.3
III	16	30	1.0	7	1.5
	17	40	1.0	7	2.0
	18	45	1.0	7	2.5
IV	19	30	1.5	5.5	1.5
	20	30	1.5	6.5	1.5
	21	30	1.5	7.5	1.5

　　抗剪强度采用直径 6.4 cm、高 2cm 的圆柱试件，在土工试验仪上，按直剪快剪试验操作，试样在 2~5min 内被剪破，每组试样分别在垂直应力 0.05MPa、0.15 MPa、0.25MPa 和 0.35MPa 四种情况下进行。由剪应力和剪位移关系曲线获得抗剪强度，由抗剪强度和垂直应力关系曲线获得材料的 c 值和 φ 值。

　　变形模量与泊松比采用直径 5cm、高 10cm 的圆柱试件，在 50% 极限强度范围内分五级施加荷载。取 σ-ε 曲线上 $0.2R_c$ 处的割线斜率作为材料的变形模量，它接近于比例极限，基本合理；取 $0.2R_c$ 处水平应变与垂直应变之比作为泊松比。R_c 为材料的抗压强度。

（3）模型材料的应力应变关系

水、石膏、重晶石粉的混合料，其应力应变关系呈近似直线，表现出弹性材料的性质。当水膏比不变时，重晶石粉含量增大，则弹性模量减小；当重晶石粉含量不变时，水膏比增大，则弹性模量减小。

若在上述混合料中加入甘油，则应力应变关系呈曲线，表现出弹塑性材料的性质。

以第9组3#试件为例，表3.14和表3.15分别为电测和机测的应力应变结果，图3.7为电测和机测得到的应力应变关系曲线。

表 3.14　　　　　　　　第9组3#试件电测成果

应力 σ(MPa)	0.0183	0.0365	0.0548	0.0730	0.0913	0.1100
弹性应变 ε_e (10^{-6})	31.5	79	126	194	279.5	397.5
塑性应变 ε_p (10^{-6})	3.5	27	57.5	101.5	150.5	245
弹塑性应变 ε_{ep} (10^{-6})	35	106	183.5	295.5	430	642.5
弹性模量 E(MPa)	581.0	462.0	434.9	376.3	326.7	276.7
变形模量 E_s(MPa)	522.9	344.3	298.6	247.0	212.3	171.2

表 3.15　　　　　　　　第9组3#试件机测成果

应力 σ(MPa)	0.0183	0.0365	0.0548	0.0730	0.0913	0.1100
弹性应变 ε_e (10^{-6})	31.8	105.3	178.7	359.9	514.2	712.2
塑性应变 ε_p (10^{-6})	49	193.4	362.4	548.5	830.1	1445
弹塑性应变 ε_{ep} (10^{-6})	80.8	298.7	541.1	908.4	1344.3	2157.2
弹性模量 E(MPa)	575.5	346.6	306.7	202.8	177.6	154.5
变形模量 E_s(MPa)	226.5	122.2	101.3	80.4	67.9	51.0

由图3.7可以看出，电测法因刚化影响，弹性模量和变形模量均较机测法大。所以测定地质力学模型材料的应变值时，应对刚化系数加以率定。机测法与电测法得到的弹性模量（变形模量）之比即为刚化系数。

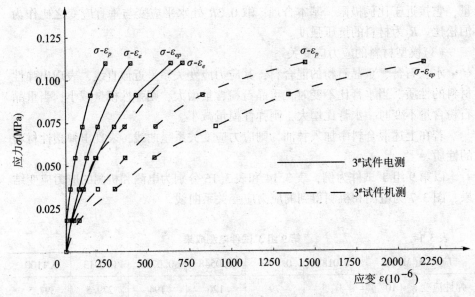

图 3.7 第 9 组 3#试件应力应变关系曲线

试验结果还显示：不同的配比，可以得到不同的应力应变关系曲线。这一特性说明，以水、石膏、重晶石粉等为配料的模型材料，可以用来模拟不同物理力学特性的基岩或坝体混凝土。

(4)配料含量对物理力学性能的影响

1)石膏含量对力学参数及超声波波速的影响

表 3.16 列出了 7 组不同石膏含量模型材料的各项物理力学参数。以石膏含量和重晶石粉含量的比值(石膏/重晶石粉)为横坐标，分别以密度、抗压强度、抗拉强度、变形模量(电测，机测)、内摩擦角、凝聚力以及泊松比为纵坐标，绘制各参数关系曲线，如图 3.8~图 3.14 所示。

由图 3.8~图 3.14 可见，当水、重晶石粉、甘油比例不变时，随着石膏含量的增加，材料的抗压强度、抗拉强度、变形模量、凝聚力以及内摩擦角都随着石膏含量的增加而增加，说明石膏含量能有效地调节模型材料的力学参数。

石膏含量对材料的密度、泊松比也有影响，但试验结果未显示出单一递增或递减的关系。

试验结果还表明：随着石膏含量的增加，模型材料的纵波波速 V_p 与横波波速 V_s 也随着增大(图 3.15)，这与弹性模量随着石膏含量的增加而增加在理论上是吻合的。

表 3.16   不同石膏含量模型材料的物理力学参数

组别	配比（重量比）				密度 (g/cm³)	抗压强度 (MPa)	抗拉强度 (MPa)	变形模量 (MPa)		泊松比	凝聚力 (MPa)	内摩擦角 (°)
	水	石膏	重晶石粉	甘油				电测	机测			
2	6	0.50	30	1.2	2.71	0.167	0.044	420	166.3	0.226	0.09	42.6
3	6	0.75	30	1.2	2.72	0.182	0.047	447.2	170	0.234		
4	6	1.00	30	1.2	2.73	0.202	0.053	484.5	192.7	0.280	0.10	45.0
5	6	1.25	30	1.2	2.72	0.229	0.055	541.2	210	0.265	0.12	46.0
6	6	1.50	30	1.2	2.70	0.238	0.059	555.4	214.4	0.265	0.135	46.8
7	6	1.75	30	1.2	2.69	0.245	0.062	628.9	244.7	0.242	0.14	47.2
8	6	2.00	30	1.2	2.62	0.263	0.065	678.1	268	0.225	0.17	49.2

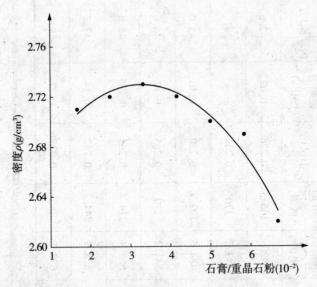

图 3.8　石膏/重晶石粉与密度关系曲线

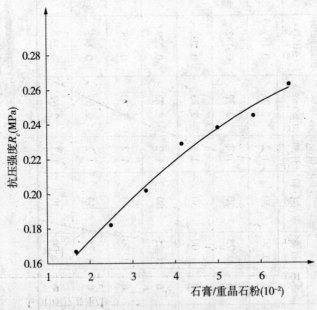

图 3.9　石膏/重晶石粉与抗压强度关系曲线

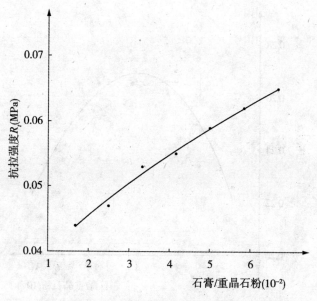

图 3.10 石膏/重晶石粉与抗拉强度关系曲线

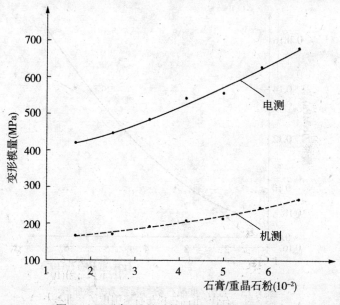

图 3.11 石膏/重晶石粉与变形模量关系曲线

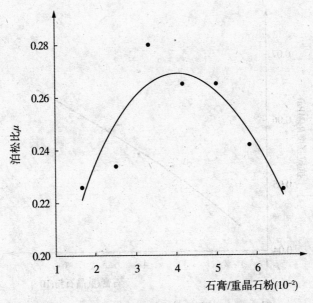

图 3.12　石膏/重晶石粉与泊松比关系曲线

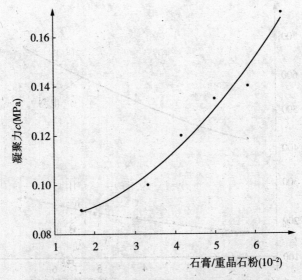

图 3.13　石膏/重晶石粉与凝聚力关系曲线

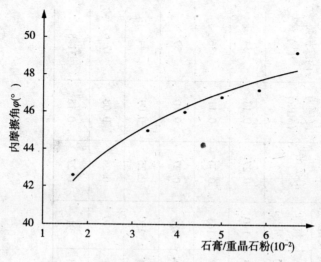

图 3.14 石膏/重晶石粉与内摩擦角关系曲线

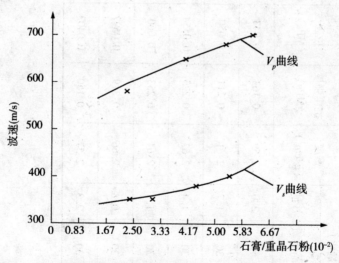

图 3.15 石膏/重晶石粉与波速关系曲线

2)甘油含量对模型材料力学性能的影响

表 3.17 为 6 组不同甘油含量模型材料的物理力学参数。以甘油和重晶石粉的比值(甘油/重晶石粉)为横坐标,以密度、抗压强度、抗拉强度、变形模量(电测,机测)、内摩擦角、凝聚力、泊松比为纵坐标,绘制各参数关系曲线,如图 3.16~图 3.22 所示。

表 3.17　不同甘油含量模型材料的物理力学参数

组别	配比（重量比）				密度 (g/cm³)	抗压强度 (MPa)	抗拉强度 (MPa)	变形模量		泊松比	凝聚力 (MPa)	内摩擦角 (°)
	水	石膏粉	重晶石粉	甘油				电测 (MPa)	机测 (MPa)			
9	5	0.8	30	2.0	2.59	0.163	0.043	368.4	140	0.27	0.13	34
10	5	0.8	30	1.7	2.61	0.211	0.050	429.7	165	0.30	0.11	36
11	5	0.8	30	1.4	2.63	0.223	0.0554	478.1	186	0.27	0.10	39
12	5	0.8	30	1.1	2.64	0.253	0.060	540.4	250	0.25	0.09	44
13	5	0.8	30	0.8	2.66	0.319	0.0697	680.1	270	0.25	0.08	47.6
14	5	0.8	30	2.3	2.57	0.150	0.0403	236.4	91	0.27	0.15	31.8

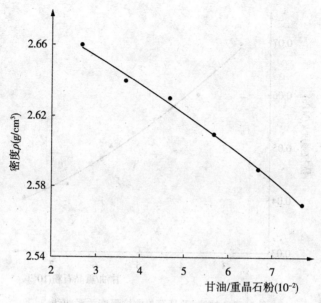

图 3.16 甘油/重晶石与密度关系曲线

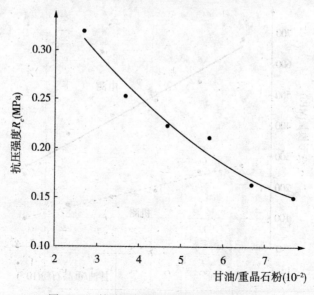

图 3.17 甘油/重晶石与抗压强度关系曲线

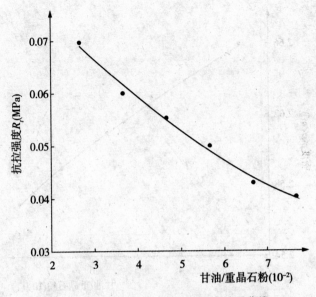

图 3.18 甘油/重晶石与抗拉强度关系曲线

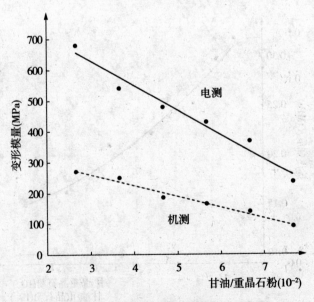

图 3.19 甘油/重晶石与变形模量关系曲线

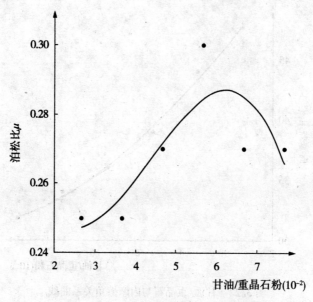

图 3.20 甘油/重晶石与泊松比关系曲线

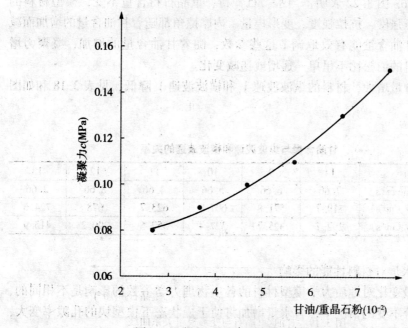

图 3.21 甘油/重晶石与凝聚力关系曲线

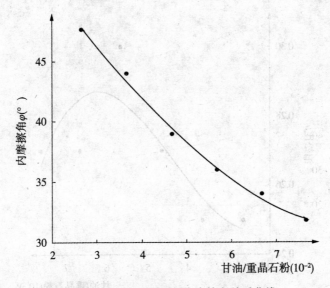

图 3.22 甘油/重晶石与内摩擦角关系曲线

图 3.16~图 3.22 表明:当水、石膏粉、重晶石粉含量不变,模型材料的密度、抗压强度、抗拉强度、变形模量、内摩擦角都随着甘油含量的增加而减小,说明甘油含量能有效地调节这些参数;随着甘油含量的增加,凝聚力增大;而材料的泊松比不呈单一递增或递减变化。

甘油含量增大,材料的纵波波速 V_p 和横波波速 V_s 降低,见表 3.18 和如图 3.23 所示。

表 3.18 甘油含量与纵波波速和横波波速的关系

组别	14	9	10	11	12	13
甘油:重晶石粉	7.66	6.66	5.66	4.66	3.66	2.66
纵波波速 V_p(m/s)	519.7	571.8	607.9	623.7	678	724.6
横波波速 V_s(m/s)	292.7	325.7	327.4	352.5	390.2	415.9

3)含水量对材料性能的影响

含水量变化对地质力学模型材料的各项物理力学参数的影响是不相同的,在其他成分不变的情况下,含水量增加将使干燥状态下模型块的孔隙率变大,从而使材料的弹性模量(变形模量)和强度指标降低,见表 3.19。

4)重晶石粉含量对材料力学性能的影响

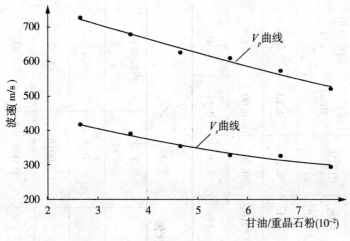

图 3.23　甘油含量与波速关系曲线

重晶石粉含量增加，材料的密度、弹性模量(变形模量)、强度指标都将相应提高，但重晶石粉用量通常主要取决于材料密度的要求，因此调整范围不大。

5)模型材料物理力学参数影响因素的综合分析和评价

为了便于说明问题，表3.20列出了各种材料的含量变化值为±1%时，各力学参数的平均变化值。表3.20中，甘油、石膏、水的含量均指与重晶石粉的重量比，而重晶石粉含量变化±1%，是指对重晶石粉本身的相对变化量。

由表3.20可以看出各种材料的含量变化对力学参数所产生的影响，不同材料的含量变化对各力学参数的灵敏度是不相同的。因此，可以利用这一特性，调整材料的配比，以满足或接近满足模型材料的各项要求。

(5)模型材料变形模量电测法的刚化效应

地质力学模型材料属于低弹模材料，通常较电阻片的弹性模量低一个数量级左右，因此用电测法测定模型材料的弹性模量或变形模量时，会有刚化效应问题，因此，需对刚化系数进行率定。

刚化系数与下列因素有关：①模型材料的成分；②模型块的绝对刚度大小；③电阻片的基底材料；④贴电阻片用的胶水。因此，应根据不同情况，分别进行率定。表3.21是漫湾水电站地质力学模型试验时率定的刚化系数，$K=0.38\sim0.42$，采用肖维勒准则分析，认为$K=0.42$和$K=0.41$为异常值，取其余18个值的算术平均值0.39作为材料的刚化系数，均方差$\sigma=0.0067$，离差系数$C_v=0.017$。

表 3.19 　　　　不同含水量模型材料的物理力学参数

| 组别 | 配比（重量比） | | | | 密度（g/cm³） | 抗压强度（MPa） | 抗拉强度（MPa） | 变形模量 | | 泊松比 | 凝聚力（MPa） | 内摩擦角（°） |
	水	石膏粉	重晶石粉	甘油				电测（MPa）	机测（MPa）			
19	5.5	1.5	30	1.5	2.1	0.381	0.082	669	281	0.25	0.10	46.4
20	6.5	1.5	30	1.5	2.2	0.266	0.064	527	216	0.26	0.09	45.7
21	7.5	1.5	30	1.5	2.3	0.235	0.052	496	198	0.26	0.11	45

表 3.20 　　　各种材料含量变化±1%各力学参数的平均变化值

成分变化	抗压强度（MPa）	抗拉强度（MPa）	变形模量（机测）（MPa）	泊松比	凝聚力（MPa）	内摩擦角（°）
甘油±1%	∓0.0338	∓0.00588	∓35.8	0.0158	±0.014	∓3.1
石膏±1%	±0.0192	±0.0042	±20.34	0.0218	±0.0016	±1.32
水±1%	∓0.0219	∓0.0045	∓12.45	0.00225	0.006	∓0.21
重晶石粉±1%	±0.00168	±0.000416	±2.12	0.00176	0.052	±0.33

表3.21 漫湾大坝地质力学模型材料刚化系数率定

编号	电测 E_1（MPa）	机测 E_2（MPa）	刚化系数 $K=E_2/E_1$	编号	电测 E_1（MPa）	机测 E_2（MPa）	刚化系数 $K=E_2/E_1$
1	525	203	0.387	11	478	186	0.389
2	420	166	0.395	12	540	215	0.398
3	447	170	0.380	13	680	270	0.397
4	485	193	0.398	14	236	91	0.386
5	541	210	0.388	15	499	194	0.389
6	555	214	0.386	16	542	215	0.397
7	629	245	0.390	17	458	183	0.400
8	678	268	0.395	18	669	281	0.420
9	368	140	0.380	19	527	216	0.410
10	430	165	0.384	20	496	198	0.399

（6）材料力学参数与超声波参数之间的相关关系

利用超声波检测技术对模型材料的力学性能进行测定，是原武汉水利电力学院首先提出并采用的方法，该方法具有方便、快速、直观等特点。对 20 组模型材料（组成相同、配比不同）所测得的各项参数汇总，见表 3.22。

1）静泊松比 μ 与超声动泊松比 μ_d 的相关关系

由超声仪直接从试件测得声时值 t，根据测距 L，即可计算出纵波波速 V_p 与横波波速 V_s，再根据纵波波速 V_p 和横波波速 V_s，可得到动泊松比，即

$$\mu_d = \frac{\frac{1}{2}\left(\frac{V_p}{V_s}\right)^2 - 1}{\left(\frac{V_p}{V_s}\right)^2 - 1} \tag{3.1}$$

由表 3.22 可以看出，静动泊松比之比 $\beta = \mu/\mu_d = 0.976 \sim 1.078$，平均值 $\bar{\beta} \approx 1.0$，均方差 $\sigma = 0.0234$，离差系数 $C_v = 0.0233$。因此，可以认为 $\mu = \bar{\beta}\mu_d \approx \mu_d$，即认为在不大于 $0.2R_c$ 左右的压应力作用下（R_c 为抗压强度），模型材料的静泊松比与超声动泊松比在数值上近似相等。静泊松比 μ 与动泊松比 μ_d 的相关关系曲线如图 3.24 所示。

表 3.22　20 组模型材料所测得的各项参数汇总

组别	密度 (g/cm³)	抗压强度 (MPa)	抗拉强度 (MPa)	变形模量 (MPa)		凝聚力 (MPa)	内摩擦角 (°)	泊松比 μ	纵波波速 (m/s)	横波波速 (m/s)	动弹模 (MPa)	动泊松比 μ_d	μ/μ_d
				电测	机测								
1	2.83	0.210	0.054	525	203	0.130	36.9	0.210	644	388	1035	0.215	0.976
2	2.71	0.167	0.044	420	166	0.090	42.6	0.226	583	345	793	0.231	0.980
3	2.72	0.182	0.047	447	170			0.234	590	347	809	0.236	0.993
4	2.73	0.202	0.053	485	193	0.100	45.0	0.280	633	350	856	0.280	1.001
5	2.72	0.229	0.055	541	210	0.120	46.0	0.265	655	368	936	0.269	0.984
6	2.70	0.238	0.059	555	214	0.135	46.8	0.256	676	385	1008	0.260	0.985
7	2.69	0.245	0.062	629	245	0.140	47.2	0.242	695	404	1093	0.245	0.988
8	2.62	0.263	0.065	678	268	0.170	49.2	0.225	718	428	1176	0.224	1.003
9	2.59	0.163	0.043	368	140	0.130	34.0	0.270	572	326	694	0.259	1.041
10	2.61	0.211	0.050	430	165	0.110	36.0	0.300	607	327	722	0.296	1.015
11	2.63	0.223	0.055	478	186	0.100	39.0	0.271	624	353	828	0.265	1.024
12	2.64	0.253	0.060	540	215	0.090	44.0	0.257	678	390	1006	0.253	1.017
13	2.66	0.320	0.070	680	270	0.080	47.6	0.253	725	416	1154	0.255	0.994
14	2.57	0.150	0.040	236	91	0.150	31.8	0.268	520	292	556	0.270	0.994
16	2.44	0.220	0.050	499	194	0.080	38.7	0.270	641	357	793	0.275	0.981
17	2.47	0.230	0.058	542	215	0.110	33.4	0.243	666	388	925	0.243	1.000
18	2.55	0.200	0.052	458	183	0.210	30.5	0.260	625	365	844	0.241	1.078
19	2.21	0.380	0.080	669	281	0.100	46.4	0.254	750	433	1036	0.250	1.016
20	2.10	0.266	0.064	527	216	0.090	45.7	0.264	685	387	795	0.266	0.994
21	2.30	0.235	0.052	496	198	0.120	45.0	0.259	640	366	775	0.257	1.008

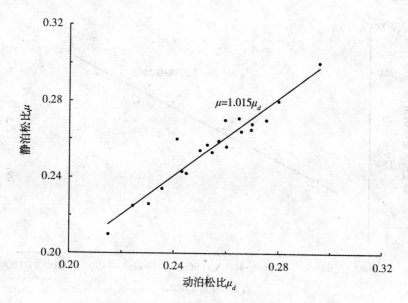

图 3.24 静泊松比 μ 与动泊松比 μ_d 的相关关系曲线

2) 静变形模量 E 与超声动变形模量 E_d 的相关关系

根据固体介质波动理论，模型材料的动变形模量 E_d 为：

$$E_d = \rho V_p^2 \frac{(1 + \mu_d)(1 - 2\mu_d)}{1 - \mu_d} \qquad (3.2)$$

式中：E_d 为模型材料的动变形模量；ρ 为模型材料的密度；V_p 为实测纵波波速；μ_d 为实测动泊松比。

设拟合方程为 $E = a + bE_d$，采用最小二乘法对 20 组实测值 (E, E_d) 进行回归分析，得到模型材料静动变形模量相关关系的经验公式为：

$$E = -22.738 + 0.246E_d \qquad (3.3)$$

相应拟合曲线如图 3.25 所示。式(3.3)的线性相关系数 $R = 0.911$，剩余标准差 $S = 19.04$。

对相关系数 R 进行显著性检验，结果表明：在显著性水平 $\alpha = 0.01$ 的情况下相关显著，即 E 与 E_d 存在着线性相关性，经验公式成立。

综上所述，只要测得材料的波速，就可以由式(3.1)计算得到动泊松比，进一步由式(3.2)得到动变形模量，再由经验公式(3.3)即可得到静变形模量。实践证明，在选材阶段，这是一个非常实用、便捷的方法。

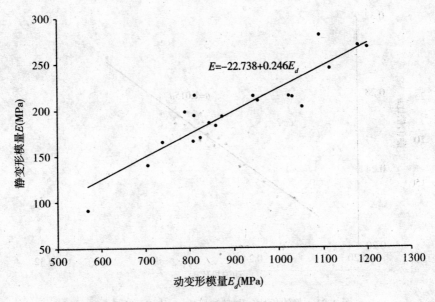

图 3.25 静变形模量 E 与动变形模量 E_d 的相关关系曲线

3) 静变形模量 E 与纵波波速 V_p 的相关关系

由于 E_d 与 V_p 之间存在着一定的函数关系, 如果能建立 E 与 V_p 之间的函数关系, 那么问题将会更加简单。根据 20 组实测 (E, V_p) 数据, 以直线方程、幂函数以及指数函数方程为回归方程, 分别采用最小二乘法进行回归分析, 结果见表 3.23 和如图 3.26 所示。

表 3.23　　　　　　静变形模量 E 与纵波波速 V_p 相关关系

拟合曲线	直线	幂函数曲线	指数函数曲线
回归方程	$E = -308.914 + 0.789V_p$	$E = 1.399 \times 10^{-5} V_p^{2.545}$	$E = 16.142 \times e^{0.00387 V_p}$
相关系数 R	0.984	0.979	0.974
剩余标准差 S	8.336	9.453	10.587

三条曲线静变形模量相差较小, 曲线两端幂函数曲线介于直线和指数函数之间, 选用幂函数曲线 $E = 1.399 \times 10^{-5} V_p^{2.545}$ 作为经验公式。

4) 抗压强度 R_c 与纵波波速 V_p 的相关关系

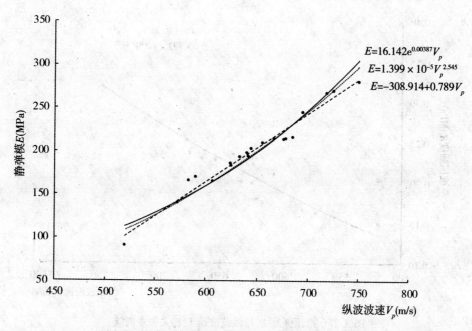

$E=16.142e^{0.00387V_p}$

$E=1.399\times10^{-5}V_p^{2.545}$

$E=-308.914+0.789V_p$

图 3.26 静变形模量 E 与纵波波速 V_p 相关关系曲线

根据 20 组模型材料的试验成果,将 R_c 与 V_p 在直角坐标系中作出散点分布图,参考混凝土、岩体等材料的 R_c 与 V_p 的相关关系,选用幂函数作为回归方程进行回归分析,得到经验公式如下:

$$R_c = 5.792\times10^{-8}V_p^{2.345} \tag{3.4}$$

式(3.4)的相关系数 $R=0.944$,剩余标准差 $S=0.020$。

对相关系数 R 的显著性检验结果表明,在 $\alpha=0.01$ 水平上显著,相关关系成立。R_c 与 V_p 相关曲线如图 3.27 所示。

5)单轴抗拉强度 R_t 与纵波波速 V_p 的相关关系

将 20 组模型材料的 R_t 与 V_p 值在直角坐标系中作出散点分布图,并选用幂函数方程为回归方程进行回归分析,得到经验公式如下:

$$R_t = 3.567\times10^{-7}V_p^{1.847} \tag{3.5}$$

式(3.5)的相关系数 $R=0.967$,剩余标准差 $S=0.0026$。

显著性水平为 0.01 时,抗拉强度 R_t 与纵波波速 V_p 关系密切,经验公式(3.5)成立。相关曲线如图 3.28 所示。

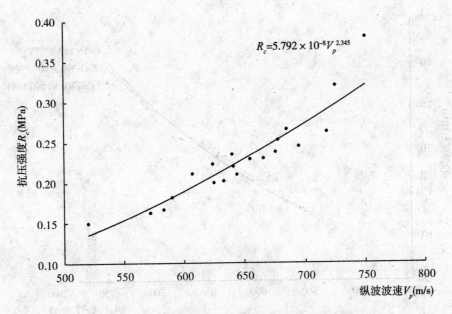

图 3.27　抗压强度 R_c 与纵波波速 V_p 相关关系曲线

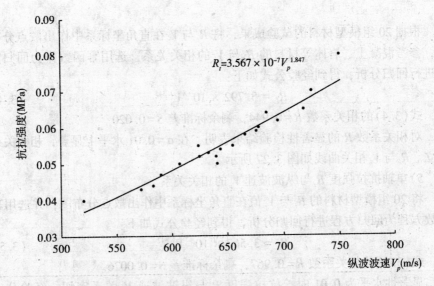

图 3.28　抗拉强度 R_t 与纵波波速 V_p 相关关系曲线

采用上述经验公式时，应注意以下几点：

①上述模型材料力学参数之间相关关系的经验公式是在材料试验结果的基础上提出的，仅适用于本节研究的这一类地质力学模型试验材料，如模型材料不同，则需对上述经验公式进行修正。

②$\mu \sim \mu_d$ 和 $E \sim E_d$ 相关关系的经验公式，适用范围为压应力等于 $0.2R_c$、$E_d = 700 \sim 1200$MPa，拟合曲线不能任意延伸。

③$E \sim V_p$、$R_c \sim V_p$ 和 $R_t \sim V_p$ 相关关系的经验公式，适用范围为 $V_p = 500 \sim 800$m/s，$E = 96 \sim 360$MPa，$R_c = 0.15 \sim 0.38$MPa，$R_t = 0.04 \sim 0.09$MPa。

3.2.2 压制类地质力学模型材料

压制类地质力学模型材料的组成与浇筑类大体相同，但由于模型块的成型方法不同，反映在材料的配比上则有较大的差别。一般地，浇筑类模型材料中，液态成分占 15%～18%，其中水分占 10%以上；压制类模型材料由于是靠压力成型，而不是自然凝固成型，所以不需要因工艺要求的大量水分，因此，液态成分仅占 4%～8%，其中水分占 0～3%。压制类地质力学模型材料免除了烘干程序，可加快模型的制作进度，所以被广泛采用。

(1)模型材料的组成及力学性质

模型材料的组成包括加重料、胶凝料、掺合料等 11 种材料，进行了 30 种组合、76 组配比、近 1500 个试件的材料试验研究。各种材料的天然密度见表 3.24。

表 3.24　　　　　　　　模型材料的成分

模 型 材 料		密度(g/m³)
加 重 料	重晶石粉	2.05
胶 凝 料	石膏粉	0.85
	107 胶	1.04
	32# 液压油	0.83
	甘油	1.19
	水	1.00

模 型 材 料		密度(g/m³)
掺合料	细砂	1.46
	塑料砂	0.61
	氧化锌	0.64
	粉煤灰	0.53
	滑石粉	0.24

对近 1500 个试件的静态测量和超声波测量结果进行分析,材料的密度、弹性模量(变形模量)、泊松比、抗拉(压)强度以及极限应变范围见表 3.25。表 3.25 所列成果可用于模型比例尺为 1:200 左右的混凝土坝地质力学模型试验。

表 3.25　　　　　　　　　　　　材料物理力学特性

材料	混凝土和岩石	模型材料
密度 ρ (g/cm³)	2.4~2.6	2.3~2.7
弹性模量 E(MPa)	2000~40000	70~260
泊松比 μ	0.1~0.3	0.18~0.21
抗压强度 R_c(MPa)	10~200	0.1~1.0
抗拉强度 R_t(MPa)	0.23~13.7	0.005~0.05
最大应变 $\varepsilon_{\max}$(10⁻⁶)	2000~5000	1200~5600

(2)材料特性分析

压制类模型材料的力学性能,除与材料的组成及配比有关外,还与加工工艺有关,如填料过程、荷载大小、加载速度、持载时间等。下面仅就材料本身影响因素加以分析说明,以便于掌握调整方向。

1)密度

密度的大小主要取决于加重料在集料总量中所占的比重,在压强不变的条件下，加重料的百分比越高，密度通常越大，见表3.26。但如果集料的配料选择不合适，则加大重晶石粉用量并不能达到提高密度的目的，见表3.27，比较第71组和第58组材料，第71组材料的和易性较差，尽管这两组材料使用了同样数量的加重料，但第71组材料的密度较第58组小。

表3.26   模型材料密度特性（1）

材料组别	加重料/集料质量（%）	压强（MPa）	密度（g/cm³）
53	83	3.3	2.33
69	87	3.3	2.51
58	93	3.3	2.66

表3.27   模型材料密度特性（2）

材料组别	加重料/集料质量（%）	压强（MPa）	油/集料质量（%）	密度（g/cm³）
58	93	3.3	3%	2.66
71	93	3.3	1%	2.43

绝对加大压强来提高模型材料的密度，潜力不大，这是因为集料的松密度（拌和后的自然密度）一般约为 1.5g/cm³，若要压缩至 2.6 g/cm³，需施加 3～4MPa 的压力，压缩效率非常低，因此，以加大压强提高模型材料密度的做法通常是不合算的。

2）应力应变

对于大理岩、花岗岩、白云岩以及正长岩等，其单轴压缩 σ-ε 曲线如图3.29所示，极限应变值不大于 $6000×10^{-6}$。在地质力学模型破坏试验中，对材料的极限应变值有一定的要求。图3.30是所研究的6组模型材料的 σ-ε 曲线，各组材料的配比见表3.28，这些材料适用于地质力学模型破坏试验。材料研究结果表明，模型材料的极限应变值与原型材料的极限应变值之比等于1是可以达到的。

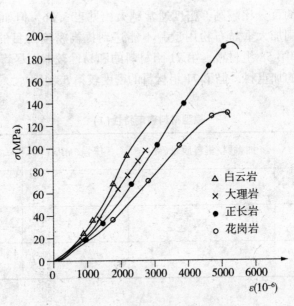

图 3.29 岩体单轴压缩 σ-ε 曲线

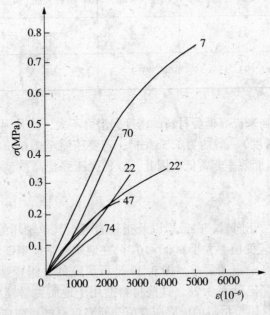

图 3.30 模型材料 σ-ε 曲线

表 3.28　　　　　　　　　　　　　　模型材料的配比

组别	重晶石粉	石膏粉	水	液压油	甘油	砂	107胶
7	80	3	1	5		10	1
22	94	2	3	1			
22′	94	2	3		1		
47	90	2	2	6			
70	92	4			1		
74	94	2	2	2			

极限应变值及弹性模量(变形模量)的大小,主要是通过改变胶凝材料的种类及用量来调节的。由纯油料(甘油、液压油)调制的模型材料,其变形模量可达几十兆帕,但材料的塑性很大,仅适用于模拟局部破碎带。一般用于模拟岩体的地质力学模型材料,其变形模量约为 100MPa,可以采用石膏粉(2%~3%)加水(0.5%~3%)加油(1%~7%)来调制。减小水和油的用量,可以降低极限应变及变形模量、增加 $\sigma-\varepsilon$ 曲线的脆性性质;加大油的用量,可以增加材料的黏性;用甘油调制的材料,其极限应变比用液压油调制的材料高。胶凝材料在集料中的总重量占 5%~10%。

3)强度

对于地质力学模型材料,要求强度满足以下两个要求:①模型材料强度的绝对值基本上要达到原型材料的 1/150~1/300;②拉压比基本上要控制在 1:10 左右。

通过对 11 种材料、76 组配比的试验研究表明,模型材料可以满足以上两个要求。压制的模型块的抗压强度在 0.1~1.0MPa,可以满足混凝土及一般基岩的要求。据统计,混凝土及多种岩体的抗拉强度在 1.9~9.3MPa(陶振宇、潘别桐,1991),以 1:200 模型试验为例,要求模型材料的抗拉强度为 0.0095~0.0465MPa。本研究的模型材料抗拉强度范围为 0.005~0.05MPa,可以满足强度相似要求。

地质力学模型材料具有比石膏材料更为合适的拉压比,以上 9 种胶凝材料及掺合料在不同配比下获得的拉压比可达 1:7~1:20,可以较好地满足破坏试验的要求。例如,在东江混凝土拱坝地质力学模型破坏试验中,坝体部分的拉压比为 1:9,坝基部分的拉压比为 1:9.5~1:13,基本上符合工程参数的要求。

调节模型材料强度的途径有：①调整用水量；②调整胶凝材料的类型及用量；③改变掺合料的品种及用量。

在地质力学模型材料中，石膏粉作为胶凝材料，其用量仅为集料总量的2%~3%，而用水量仅为集料总量的0.5%~3%，因此总的来说石膏的水化作用是不完全的。试验表明，增加用水量，强度不是降低，而是在一定范围内相应增加；减少用水量，可以降低模型材料的强度指标，见表3.29。

表 3.29   模型材料中含水量对抗压强度的影响

组别	重晶石粉	石膏粉	水	甘油	塑料砂	水/集料总量（%）	抗压强度（MPa）
41	86	2	3	4	5	3	0.31~0.33
63	86	2	1	4	5	1	0.14

油类材料在压制型模型材料中，既可起黏合作用，又可增加集料的和易性。油类材料在集料中所占百分比越大，强度越低。甘油与液压油具有同样的性质。表3.30中，第39组和第40组由重晶石粉、石膏粉、水及液压油组成，第41~43组由重晶石粉、石膏粉、水、甘油及塑料砂组成，油量占集料总量不同，抗压强度也发生相应变化。如需要材料的强度更高一点，可以掺加集料总量1%的107胶液。

表 3.30   模型材料中油量对抗压强度的影响

组别	液压油/集料总量（%）	甘油/集料总量（%）	抗压强度（MPa）
39	3		0.57
40	2		0.67
41		4	0.31~0.33
42		3	0.4.~0.42
43		2	0.43~0.46

掺合料的作用主要是调节集料级配，增加和易性，改变压缩性能，同时对强度的改变也有一定的作用。掺合料在集料总量中的比例可为0~10%。各种

掺合料可以单独使用,可以联合使用,也可以都不用,视取料条件确定。例如,掺塑料砂比掺同量滑石粉具有更低的强度(表3.31)。

表3.31 模型材料中掺合料对抗压强度的影响

组别	重晶石粉	甘油	107胶	塑料砂	滑石粉	抗压强度(MPa)
23	85	5	2	8		0.18~0.20
24	85	5	2		8	0.33~0.40

(3)材料性质与超声波测量

对于地质力学压制模型材料,低频超声波具有很好的反映效果。材料的变形模量及强度对超声波传播速度的影响均较为敏感,且超声波测量比常规机测或电测方法具有方便、直观、效率高等优点。

选择材料初期,可首先通过少量试件建立一条宏观控制的纵波波速 V_p 或者动弹模(动变模)E_d 与静弹模(静变模)E 之间的关系曲线,以了解 E_d 与 E 之间的大致关系;然后按模型设计要求在曲线上进行逼近;再选定一种集料类型,改变配比,用声测法建立详细的模型材料力学参数与声参数的相关关系。

应用超声波测量法选材不仅可以提高效率,而且可以利用各种相关关系,控制模型块的质量及成型后的模型质量。

3.3 岩体软弱结构面模型材料

模拟破碎带、断层、节理等软弱结构面的方法很多,下面简单介绍几种。

在石膏硅藻土块体中间留出间隙,将硅橡胶和标准砂的混合物注入其中,在室温下固化后,可以模拟砂岩和页岩互层所导致的具有各向异性变形特性的岩体。

将明胶、甘油和水加热溶解注入模型,可以制备低弹性模量材料,适当掺加填料后可用来模拟岩体中的破碎带、软弱夹层等的变形特性。

有时为了模拟坝基岩体的力学变形特性,以块体堆砌来模拟拱坝坝肩岩体,用以进行承载能力的破坏试验。例如,日本黑部川第四水电站拱坝(Kurobe Arch Dam)试验以砂、水玻璃、氟氢酸钠等组成固结砂来模拟断层、软弱带,以黏土质材料将石膏硅藻土制成的块体黏结堆砌成坝基岩体,做成很有规则的结构面。

模拟岩块之间的接触特性，可以将涂上石蜡的纸夹在模型中，模拟易滑动、易变形节理面的特性；也可以在模型中夹入云母片或其他材料来模拟节理、裂隙等构造面。例如，西班牙梅基南萨重力坝（Mequinenza Gravity Dam）模型，用水泥浮石砂浆来模拟石灰岩不同岩层厚度和相应的各向异性的变形特性；岩层之间嵌入浸泡过石蜡液的细丝石棉纸片，可以模拟褐煤和泥灰岩，并间断布置以模拟其不连续性。

第4章 模型试验程序设计

4.1 概　述

模型试验程序是指作用于模型上的各类荷载在空间上的组合和在时间上的先后顺序。例如，在常规的大坝结构模型试验中，先施加自重，后施加水荷载；在地下洞室模型试验中，先施加围压，后开挖释放。在模型试验中，对这种组合关系及先后顺序的确定，就是模型试验的程序设计。显然，不同的试验程序，将得到不同的应力和位移成果，反映的结构所处的工作状态是不一样的。因此，模型试验的程序设计，直接关系到模型对原型模拟的真实性及模型试验成果的可靠性，是一个重要的试验技术问题。

弹性静力学模型试验，主要研究结构处于弹性工作范围内的应力状态。应力、位移与荷载之间符合叠加原理，似乎与试验程序关系不大，但是试验程序中是否安排预备试验，是采用分步加载还是一次加载，不同的程序设计将得到不同的试验成果，都将影响到最终成果的数量与质量。国内外在常规静力模型试验的试验程序设计方面，基本一致，但不完全相同。例如，在正式试验之前，一般都安排有初步试验(或称为预备实验)，但具体操作上有所不同。中国多以正常荷载(或50%的正常荷载)进行反复预压，直至变形稳定作为控制标准；有的国家取正常荷载的10%~60%作为初步试验的循环荷载，直至变形稳定；还有的国家在进行常规模型破坏试验之前，要进行大荷载试验。

地质力学模型试验，主要研究建筑物及地基在超出弹性范围直至破坏阶段的应力和变形，以及裂缝的发生及发展过程。地质力学模型试验可按体积力模拟建筑物及其基岩的自重，可反映建筑物及地基岩体的各种变形特性，可模拟各种地质构造，如断层、裂隙、破碎带等。地质力学模型试验不仅研究建筑物及其地基的应力应变，而且研究其破坏机理及安全性，因此，荷载的组合方案、加载次序以及加载方式等不同，试验结果则不同。

由于建筑物及其基础在发生破坏时，有的区域的应力超出了材料的极限强

65

度而开裂，有的区域的应力超出了材料的弹性极限而屈服，有的区域的应力则可能仍在弹性范围以内，因此，地质力学模型试验涉及材料变形特性的全过程。当然，主要的还是与破坏机理直接相关的塑性、黏性及破坏阶段，这个阶段材料的性质是不可逆的，且在超出弹性极限以后，应力与变形不符合叠加原理，即不同的叠加顺序将得出不同的结果，分别反映不同的工作状态。正是由于这个缘故，地质力学模型试验的程序设计尤为重要，下面就简单介绍地质力学模型试验的程序设计问题。

4.2　试验程序影响因素

与地质力学模型试验程序密切相关的主要因素有：加载方式、环境条件、超载方式以及荷载组合等。

(1) 加载方式

加载方式是指从零开始施加荷载，直至结构破坏的加载过程。模型试验的加载方式应与材料试验的加载方式基本一致，这样才能使两者的变形过程接近相似。因为根据相似要求，模型的破坏过程应该符合相似材料的应力-应变关系曲线，而混凝土或岩体的应力-应变关系曲线，其形状与加载方式等有关。目前，地质力学模型试验中没有统一的加载方式要求，有的采用一次加载方式，有的采用逐级一次循环加载方式，有的则采用逐级多次循环加载方式。

虽然混凝土与岩体的应力-应变曲线是其本身性质的反映，但不同的研究目的，采用不同的测试条件，对应力-应变曲线的形状会有一定的影响，因此必须采用与破坏试验相对应的条件所取得的应力-应变曲线作为模拟依据，这样才能使模型和原型的变形过程接近相似。

(2) 环境条件

环境条件是地质力学模型试验程序设计中应考虑的最主要的因素之一。建筑物和基岩在外部环境作用下产生变形，有的是可以恢复的弹性变形，有的则是不可恢复的塑性变形，与受力条件、受力状态等有关。例如，不同的水库，根据其规模及功能，库水的蓄泄循环各不相同，年调节水库与多年调节水库，其水位变化的幅度和频率也是不一样的，因此建筑物及地基的受力状态则不相同。试验程序应依据不同的环境条件进行设计，不同环境条件下的建筑物应采用不同模式的试验程序进行地质力学模型试验。

(3) 超载方式

超载阶段是地质力学模型试验的一个重要阶段，超载到一定程度，一些区域将出现屈服，变形不可逆，直至最终破坏。不同的超载过程设计，将对最终结果产生很大的影响。

通常采用的超载方式有三种：①自重与水压同步超载；②自重不变，水压容重超载；③自重不变，水位超载。三种超载方式反映三种不同的意义。第一种超载方式反映材料的强度安全度，水压和自重荷载必须按比例同步增长，保持两者的比值始终不变；后两种超载方式反映建筑物和地基的稳定安全度以及极限承载能力。这里有一个问题，就是超载过程中的加载方式是采用一次逐级增长还是循环加载方式？如果试验目的是为了了解结构的承载能力及变形破坏形态，则加载采用一次逐级增长方式；如果试验目的是为了了解各阶段的弹性变形和永久变形，则加载采用一次循环加载方式，且循环次数也不尽相同，试验长达几十个小时，甚至更长时间。

原武汉水利电力学院在进行东江拱坝地质力学模型试验时，在程序设计中，对加载方式作出如下安排：开始蓄水至发电最低水位，采用一次连续加载方式；由发电最低水位至正常蓄水位，采用等幅多次循环加载方式；超载开始直至破坏阶段，采用逐级连续加载方式。

(4) 荷载组合

地质力学模型试验考虑的荷载一般包括建筑物及其基岩的自重，上、下游静水压力，泥沙压力，作用于建筑物底部和断层面上的扬压力，以及作用于两岸帷幕上的渗透压力等。这些荷载在试验过程中，时间上有一定的先后顺序，空间上有一定的位置分布。在每个试验阶段，对荷载的类别、大小、作用点位置、作用时间等时空关系的确定，就是荷载组合设计。通常采用的荷载组合方式有：

①自重+相应扬压力，反映蓄水前状态。

②自重+上游死水位水压力+相应尾水位水压力+相应扬压力，反映初始蓄水状态。

③自重+上游正常蓄水位水压力+相应尾水位水压力+泥沙压力+相应扬压力，反映水库正常运行状态。

④自重+上游超载水位水压力+泥沙压力+相应尾水位水压力+相应扬压力，反映超载工作状态。

为了在同一模型上取得较多的试验成果，意大利贝加莫结构模型试验所在进行拉佩尔坝(Rapel dam)的地质力学模型试验中，对每级荷载都还有一个小的循环荷载，以便获得结构在每级荷载下的瞬时变形、弹性变形及不可恢复的残余变形。

　　上述四种荷载组合方式中，相应扬压力如何取值是模型试验中需关注的一个问题。超载若作为一个研究概念，荷载可以慢慢施加，扬压力也可以相应地同步增长；但超载若作为一个工程概念，例如库水骤升或骤降、滑坡、地震或暴雨等，荷载的变化速度很快，而扬压力通常是不可能同步发生变化的。

　　施加扬压力的做法通常有三种：

　　①扬压力从外部施加的自重荷载中扣除，大小以正常蓄水位时的扬压力图形为准，超载过程扬压力保持不变。大多数重力坝平面或半整体地质力学模型试验采用这一做法。由于自重是从外部施加的，试验过程中，改变扬压力图形也是可以的。

　　②由容重相似常数 $C_\gamma = 1$ 的材料制成的地质力学模型，一般不考虑扬压力，主要是因为技术上有一定的难度。

　　③拱坝整体地质力学模型试验中，作用在帷幕、断层上的水压力一般是作为外荷载施加的，大小可以调节，但超载过程中的压力变化，没有统一的原则，通常需和设计及施工单位依据工程实际情况共同探讨确定。例如，原武汉水利电力学院在进行东江拱坝整体地质力学模型试验时，作用在帷幕上的水压力，超载至正常荷载作用下水压力的 50% 后保持不变，在加载顺序上，考虑滞后因素，增加的顺序也先后不同。

　　在进行试验程序设计时，综合考虑以上各有关因素是非常必要的。同时，应积极和设计、施工单位研究合作，使模型各阶段的性质尽量符合或接近工程运行的实际情况。

4.3　试验程序设计实例

4.3.1　瑞士 Emosson 双曲拱坝地质力学模型试验

　　Emosson 双曲拱坝，坝高 180.0m，模型几何相似常数 $C_L = 100$，自重 W 与静水压力 P 都由外部加载系统施加。在完成正常荷载（自重+水压）试验之后，以容重超载的方式进行破坏试验。试验程序为：

　　(1) 大荷载试验

　　对模型施加大于正常荷载的压力，监测模型各方面的性态，检查接缝是否良好。设自重荷载为 W，水压荷载为 P，则大荷载试验程序为：

　　①施加自重荷载至 1.1W；

　　②施加水压荷载至 1.1P；

③增加自重荷载至 $2.2W$；

④增加水压荷载至 $2.2P$；

⑤若模型反应正常，则进行破坏试验。

（2）破坏试验

破坏试验程序为：

①施加自重荷载至 $2.0W$；

②用逐级一次循环加载法进行破坏试验，第一级升至 $2.0P$，以后按每级 $0.5P$ 递增。

该模型试验于 $3.5P$ 时出现裂缝，并于 $5.0P$ 时丧失承载能力。

4.3.2 智利 Rapel 拱坝地质力学模型试验

Rapel 拱坝，坝高 107.5m，模型几何相似常数 $C_L = 100$，坝体弹性模量 $E_1 = 250$MPa，岩体表面弹性模量 $E_2 = 200$MPa，岩体内部弹性模量 $E_3 = 400$ MPa，弹性模量相似常数 $C_E = 100$，容重相似常数 $C_\gamma = 1$。岩体由 20000 块 8cm×8cm×8cm 的预制棱柱块组成，包含 7 条断层。采用充砂气袋作为扬压力荷载模拟系统，并采用容重超载方式，试验程序为：

①按 $\gamma = 1.0$ 分级施加水压至设计水位。

②按 $p = 1.0$ 分级叠加作用于帷幕上的水压。

③按 $p = 1.0$ 分级叠加作用于断层上的水压。

④按 $\gamma = 1.5$ 施加水压。

⑤按 $\gamma = 1.5$ 分级叠加作用于帷幕上的水压。

⑥按 $\gamma = 1.5$ 分级叠加作用于断层上的水压。

⑦按以上顺序逐步提高液压容重，取 $\gamma = 2.0$，2.5，……

4.3.3 墨西哥 Itzanton 双曲拱坝地质力学模型试验

Itzanton 双曲拱坝，坝高 246.0m，地质力学模型的几何相似常数 $C_L = 150$，弹性模量相似常数 $C_E = 150$，强度相似常数 $C_R = 150$，容重相似常数 $C_\gamma = 1$，采用液压加载。超载方式为：先以容重 γ 超载，逐级增大 γ 值，即 $\gamma = 10$kN/m³ →15kN/m³→20kN/m³→25kN/m³，最后以 $\gamma = 25$kN/m³ 作水位超载，将水位升高至超过坝顶 60m。

每一级荷载的试验程序为：

①加载至某个量级，立即读数，记录瞬时变形。

②维持该荷载，直至变形稳定，记录总变形。

③卸荷,直至变形回复至稳定,记录永久残余变形。

④多次快速荷载循环,直至稳定,记录弹性变形。

Itzanton 双曲拱坝地质力学模型试验程序见表 4.1 和如图 4.1 所示。

表 4.1　　　　　　　　　**Itzanton 双曲拱坝地质力学模型试验程序**

约束条件	液体容重(kN/m³)	水位(m)
岩体和模型 槽壁接触	10	360
	10	400
	10	436
	12.5	360→400→436
岩体和模型 槽壁不接触	10	360→400→436
	12.5	360→400→436
	15.0	436
	20.0	436
	25.0	436
	25.0	456→476→496

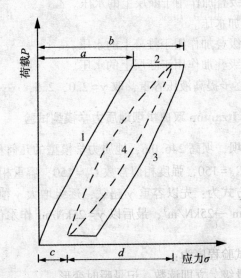

图 4.1　Itzanton 双曲拱坝地质力学模型试验加载程序

4.3.4 中国龙羊峡拱坝坝肩地质力学模型试验

龙羊峡拱坝，坝高 178.0m，模型几何相似常数 $C_L = 300$，采用容重超载方式，由千斤顶系统加载。试验程序设计如图 4.2 所示。荷载分为若干级，模拟水库运行过程。从较小荷载开始施加，每级均施加循环荷载，当超载至一定程度时，持续一段时间，以便反映模型的流变特性，然后加快加载速度直至破坏，以此模拟超载破坏时的突然性。

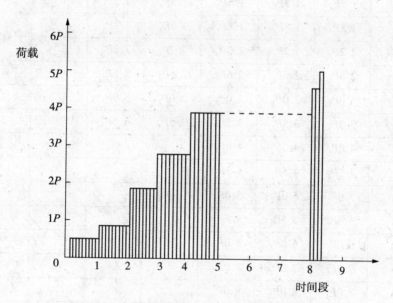

图 4.2 龙羊峡拱坝地质力学模型试验程序

4.3.5 中国隔河岩拱坝整体地质力学模型试验

隔河岩大坝为三圆心变截面重力拱坝，最大坝高 151.0m，模型的几何相似常数 $C_L = 200$，基础采用截面 20cm×20cm 预制块砌筑，坝体采用 45cm×45cm×30 cm 预制块砌筑。荷载有水压、自重及作用在上游岩体拉裂区的帷幕前水压力。容重相似常数 $C_\gamma = 1$。分别用 64 个千斤顶、分 7 组进行加载，以加大容重的方式超载。超载过程中，作用于帷幕上的水压保持不变。试验程序设计见表 4.2 和如图 4.3 所示。

表4.2　　　　　　　　隔河岩重力拱坝地质力学模型试验程序

荷载步	压强分区-荷载						
	$1^{\#}$-P_1	$2^{\#}$-P_2	$3^{\#}$-P_3	$4^{\#}$-P_4	$5^{\#}$-P_5	$6^{\#}$-P_6	$7^{\#}$-P_7
1	$0.4P_1$	$0.25P_2$					
2	$0.8P_1$	$0.75P_2$	$0.65P_3$	$0.5P_4$			
3	P_1	P_2	P_3	P_4	P_5	P_6	P_7
4	$1.5P_1$	$1.5P_2$	$1.5P_3$	$1.5P_4$	$1.5P_5$		
5	$1.8P_1$	$1.8P_2$	$1.8P_3$	$1.8P_4$	$1.8P_5$		
6	$2.2P_1$	$2.2P_2$	$2.2P_3$	$2.2P_4$	$2.2P_5$		
7	$2.6P_1$	$2.6P_2$	$2.6P_3$	$2.6P_4$	$2.6P_5$		
8	$3.0P_1$	$3.0P_2$	$3.0P_3$	$3.0P_4$	$3.0P_5$		
9	$3.5P_1$	$3.5P_2$	$3.5P_3$	$3.5P_4$	$3.5P_5$		
10	$4.0P_1$	$4.0P_2$	$4.0P_3$				
11	$4.5P_1$	$4.5P_2$	$4.5P_3$				
12	$5.0P_1$	$5.0P_2$	$5.0P_3$				
13	$5.5P_1$	$5.5P_2$	$5.5P_3$				
14	$6.0P_1$	$6.0P_2$	$6.0P_3$				
15	$7.0P_1$	$7.0P_2$	$7.0P_3$				
16	$8.0P_1$	$8.0P_2$	$8.0P_3$				
17	$9.0P_1$	$9.0P_2$	$9.0P_3$				
18	$10.0P_1$	$10.0P_2$	$10.0P_3$				
19	$11.0P_1$	$11.0P_2$	$11.0P_3$				
20	$12.0P_1$	$12.0P_2$	$12.0P_3$				
21	$13.0P_1$	$13.0P_2$	$13.0P_3$				

4.3.6　中国东江拱坝地质力学模型试验

东江混凝土双曲拱坝，坝高157.0m，模型几何相似常数 $C_L=200$，弹性模量相似常数 $C_E=200$，强度相似常数 $C_R=200$，容重相似常数 $C_\gamma=1$。帷幕上

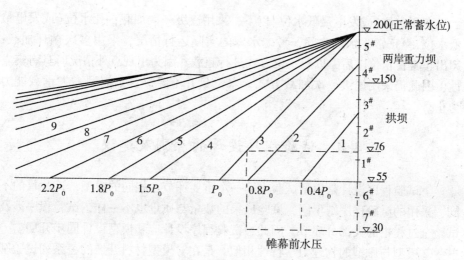

图 4.3 隔河岩重力拱坝地质力学模型试验程序

水压力采用压缩空气加载，坝面水压力采用液体加载，并采用超水位方式进行超载。超载破坏试验程序设计见表 4.3。

表 4.3　　　　　东江混凝土双曲拱坝地质力学模型试验程序

加载步	工作状态	加载步	工作状态
1	空载试验	13	超载至 $2.46H+F_3$ 断层上水压 $1.5H$
2	加载至死水位	14	超载至 $2.71H+F_3$ 断层上水压 $1.5H$
3	施加 F_3 断层上相应水压	15	超载至 $3.10H+F_3$ 断层上水压 $1.5H$
4	加载至正常蓄水位 H	16	超载至 $3.50H+F_3$ 断层上水压 $1.5H$
5	卸载至死水位	17	超载至 $3.93H+F_3$ 断层上水压 $1.5H$
6	加载至正常蓄水位 H	18	超载至 $4.30H+F_3$ 断层上水压 $1.5H$
7	卸载至死水位	19	超载至 $4.69H+F_3$ 断层上水压 $1.5H$
8	加载至正常蓄水位 H	20	超载至 $5.08H+F_3$ 断层上水压 $1.5H$
9	施加 F_3 断层上水压 H	21	超载至 $5.48H+F_3$ 断层上水压 $1.5H$
10	超载至 $1.52H+F_3$ 断层上水压 H	22	超载至 $5.88H+F_3$ 断层上水压 $1.5H$
11	超载至 $2.0H+F_3$ 断层上水压 H	23	超载至 $6.47H+F_3$ 断层上水压 $1.5H$
12	超载至 $2.46H+F_3$ 断层上水压 H	24	超载至 $7.07H+F_3$ 断层上水压 $1.5H$

在死水位(或发电最低水位)以下，采用逐级一次加载；死水位(或发电最低水位)至正常蓄水位之间，考虑水库的实际运行情况，采用多次循环加载；超出正常蓄水位以后，以超水位方式进行超载。因为出现意外情况时具有突发性，因此仍采用逐级一次加载方式，水位只升不降，直至模型丧失承载能力为止。

4.4　试验程序设计的原则及建议

①试验程序设计是模型试验中的一个重要环节，相同的模型，试验目的不同，采用的试验程序则不同，试验成果的数量与质量也不一样，试验程序涉及试验全过程中的大部分环节。因此，试验程序设计应和模型设计同步开展。

②模型与原型的物理力学特性相似，是在对模型材料开展的一系列试验基础上，确定相似材料，并得到相应的参数实现的。材料试验是模型试验成功的基础，是模型试验非常重要的一个环节，因此，应把模型试验程序和材料试验程序结合起来考虑，以使模型试验能够真实反映实际工程在不同阶段的物理力学性态。

③模型试验程序，实际就是对建筑物运行过程的模拟。对于地质力学模型试验来说，由于试验反映的不仅仅是材料的弹性性质，更要反映材料的应力应变等随时间的演变过程，研究结构及地基在空间上的薄弱部位、裂缝开展过程等，试验过程是不可逆的。因此，首先要认真分析工程运行过程，结构物受力条件及各类环境影响因素等，然后再开展试验程序设计工作。

④地质力学模型试验是一种破坏试验，试验程序与采用的加载(超载)方式有关，不同的超载方式，其荷载组合及加载顺序也会不一样。因此，模型试验程序设计工作，还应与破坏试验的性质结合起来考虑。

⑤试验程序设计没有固定的模式，不同的目的、不同的工程、不同的时期、不同的试验者，对试验程序的设计都不尽相同。有的试验注重获得每级荷载的变形：瞬时变形、弹性变形、残余变形等，试验荷载循环多、时间长；有的试验注重获得初裂荷载、极限承载能力以及破坏形态等，试验荷载循环少、时间短。

⑥对于高混凝土坝的地质力学模型试验来说，死水位以下采用逐级一次加载，死水位至正常高水位之间采用循环加载，超载时采用逐级一次加载，或采用部分逐级一次加载的试验程序是比较合适的。

试验程序设计是关系到成果数量与质量的一个重要问题。程序设计得合理,试验成果就能够更加接近实际,试验过程中能够取得更多的实测信息。反之,不合理的试验程序可能导致一些信息缺失,甚至使试验失败。不同的模型试验,须设计与其匹配的、具有该模型试验特色的试验程序。

第5章 线弹性静力学模型试验

石膏的材料特性与混凝土及岩体相近，通过调节水膏比可以得到满足相似条件的模型材料，因此成为线弹性静力学模型试验最常采用的材料。下面分别以武汉大学水利水电学院开设的重力坝结构模型教学试验课程，以及大花水碾压混凝土坝物理模型试验研究为例，详述线弹性静力学模型试验的方法及程序。

5.1　混凝土重力坝结构模型试验

这是一个测定并分析重力坝坝段静力学应变及位移的本科教学模型试验。坝型为混凝土实体重力坝，原型坝高 81m，坝顶宽 12m，坝底宽 60m，下游坝坡 1:0.75。坝体混凝土弹性模量 $E_c = 19.2\text{GPa}$，坝基岩体由两种材料组成，弹性模量分别为 $E_{\gamma 1} = 19.2\text{GPa}$，$E_{\gamma 2} = 11.6\text{GPa}$，混凝土与基岩的泊松比均为 $\mu_c = \mu_\gamma = 0.2$，坝体混凝土容重 $\gamma_c = 24\text{kN/m}^3$，上游正常蓄水位 78.0m。重力坝剖面如图 5.1 所示，取 10m 坝段进行模型试验研究。

5.1.1　试验任务

开展混凝土重力坝线弹性静力学模型教学试验，研究重力坝在正常蓄水位作用下，坝基面上的应力分布及坝体变形状态。

5.1.2　试验目的

该课程是与水利水电工程专业"水工建筑物"配套的试验教学课程，试验目的如下：

①学习重力坝线弹性结构模型试验方法。

②学习和掌握测试仪器的使用方法并了解其性能。

③学习采集、整理和分析试验数据，利用模型试验的方法研究建筑物的应力应变状态。

5.1.3　模型设计

进行模型试验，首先要确定模型比例尺、各物理量的相似常数以及模型材

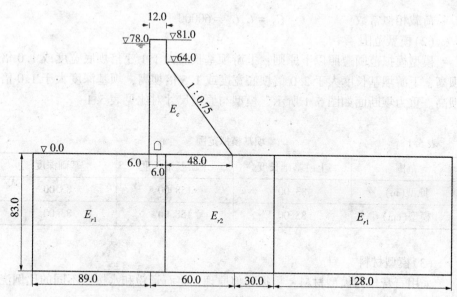

图 5.1 重力坝原型剖面(单位：m)

料等。

(1)相似常数

根据线弹性模型的相似要求，结合实验室条件及教学要求，模型比例尺采用 1：100。相似常数取值如下：

几何相似常数：$\qquad C_L = \dfrac{L_p}{L_m} = 100$

弹性模量相似常数：$\qquad C_E = \dfrac{E_p}{E_m} = 6$

应力相似常数：$\qquad C_\sigma = \dfrac{\sigma_p}{\sigma_m} = 6$

应变相似常数：$\qquad C_\varepsilon = \dfrac{\varepsilon_p}{\varepsilon_m} = 1$

泊松比相似常数：$\qquad C_\mu = \dfrac{\mu_p}{\mu_m} = 1$

位移相似常数：$\qquad C_\delta = \dfrac{\delta_p}{\delta_m} = 100$

容重相似常数：$\qquad C_\gamma = \dfrac{\gamma_p}{\gamma_m} = \dfrac{C_\sigma}{C_L} = 0.06$

荷载相似常数：　　　　　　$C_X = C_\gamma C_L^3 = 60000$

（2）模型范围

模型模拟范围遵照以下原则：上游坝基长度大于 1.3 倍坝底宽度或 1.0 倍坝高，下游坝基长度大于 2.0 倍坝底宽度或 1.5 倍坝高，坝基深度大于 1.0 倍坝高。重力坝断面如图 5.1 所示，模型与原型尺寸对比见表 5.1。

表 5.1　　　　　　　　　　　　　坝基模拟范围

范围	上游基础长度	下游基础长度	基础深度
原型（m）	83.00	158.00	83.00
模型（cm）	83.00	158.00	83.00

（3）模型材料

采用石膏作为模型材料，根据相似原理，将石膏粉和水按照不同的比例浇注成块体，经过烘干、加工，制作成模型。

5.1.4　试验装置及设备

重力坝坝段结构模型如图 5.2 所示。

图 5.2　重力坝坝段结构模型

　　试验所用的主要仪器设备有：电阻应变片、UCAM-20PC 应变量测系统、DH3818 应变量测系统、Centipede 位移量测系统、位移传感器、拉压力传感器、油压千斤顶、油泵、标准压力表等，如图 5.3~图 5.9 所示。

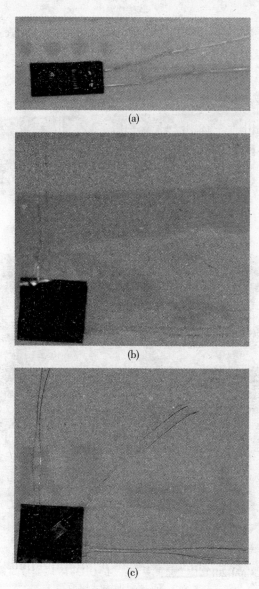

(a)单向；（b)两向；（c)三向

图 5.3　电阻应变片

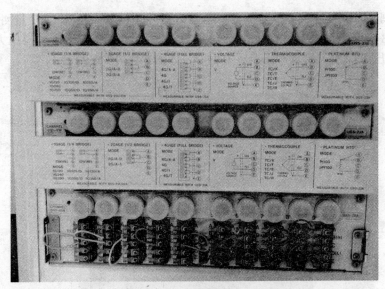

(a)

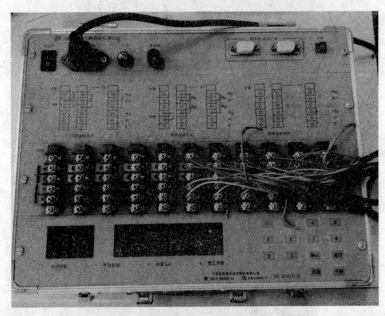

(b)

（a）UCAM-20PC 应变量测系统；（b）DH3818 应变量测系统

图 5.4　应变量测系统

图 5.5　Centipede 位移量测系统

图 5.6　位移传感器

图 5.7　拉压力传感器

图 5.8　油压千斤顶

图 5.9 油泵、标准压力表

5.1.5 试验步骤

（1）计算施加于原型上的荷载

重力坝坝段上作用的荷载包括：坝体自重、坝基扬压力以及上游静水压力。

1）坝体自重

坝段厚度 10m，坝体混凝土容重 $\gamma_c = 24\text{kN/m}^3$，将坝体分为 4 个分块，自重荷载计算简图如图 5.10 所示，按图示分块计算，得到

$$W_1 = 81 \times 12 \times 10 \times 24 = 233280\text{kN}$$

$$W_2 = \frac{1}{2} \times (64+40) \times 18 \times 10 \times 24 = 224640 \text{ kN}$$

$$W_3 = \frac{1}{2} \times (40+20) \times 15 \times 10 \times 24 = 108000 \text{ kN}$$

$$W_4 = \frac{1}{2} \times 15 \times 20 \times 10 \times 24 = 36000 \text{ kN}$$

2）坝基扬压力

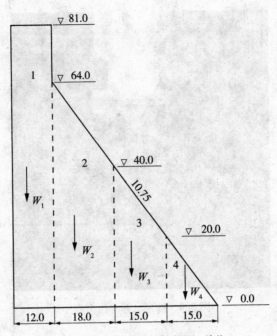

图 5.10　坝体自重荷载计算简图（单位：m）

扬压力计算按有帷幕、无排水情况考虑，帷幕处折减系数取 $\alpha = 0.5$，按图 5.11 所示分块进行计算，得到 $U_1 = 57210\text{kN}$、$U_2 = 50670\text{kN}$、$U_3 = 24300\text{kN}$、$U_4 = 8100\text{kN}$。

因此，作用在原型上的垂直荷载为：
$$\Delta_{1p} = W_1 - U_1 = 176070\text{kN}$$
$$\Delta_{2p} = W_2 - U_2 = 173970\text{kN}$$
$$\Delta_{3p} = W_3 - U_3 = 83700\text{kN}$$
$$\Delta_{4p} = W_4 - U_4 = 27900\text{kN}$$

3）上游静水压力

试验采用油压千斤顶在上游坝面施加水荷载，首先计算重力坝在正常蓄水位作用下（$H = 78\text{m}$）上游坝面承受的总水压力，水的容重取 $\gamma_w = 10 \text{ kN/m}^3$，然后再按式（5.1）换算为实验室油泵压力表读数 $p_{\text{表}}$，即

$$P = \frac{1}{2} \times 10 \times 78^2 \times 10 = 304200\text{kN}$$

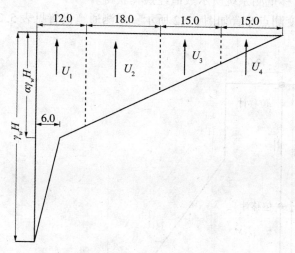

图 5.11 坝基扬压力计算简图(单位：m)

$$p_{表} = \frac{P}{5 \times A} = 105809\text{MPa} \tag{5.1}$$

式中：P 为施加在模型上的上游总水压力，kN；$p_{表}$ 为油泵压力表读数；A 为油压千斤顶活塞面积，本试验采用 5 个油压千斤顶施加上游水荷载，油压千斤顶活塞面积 $A = 5.75\text{cm}^2$。

（2）计算施加于模型上的荷载

按照荷载相似常数 $C_X = 60000$，即可得到施加于模型上的垂直荷载为：

$$\Delta_{1m} = 2.935\text{kN}$$
$$\Delta_{2m} = 2.900\text{kN}$$
$$\Delta_{3m} = 1.395\text{kN}$$
$$\Delta_{4m} = 0.465\text{kN}$$

施加于模型上的水平荷载为 5.07kN，进行试验时，相应油泵压力表读数为 1.76MPa。

（3）试验前的准备

打开电源，对各种仪器进行试验前的检查及准备工作。

（4）记录应变和位移的初始读数

应变是通过粘贴于模型上的电阻应变片由 UCAM-20PC 应变量测系统测得，应力由测得的应变值经计算获得；位移是通过装置于模型上的位移传感器由 Centipede 位移量测系统所示数值经换算获得。

模型的应变测点布置如图 5.12 所示，量测通道设置见表 5.2。

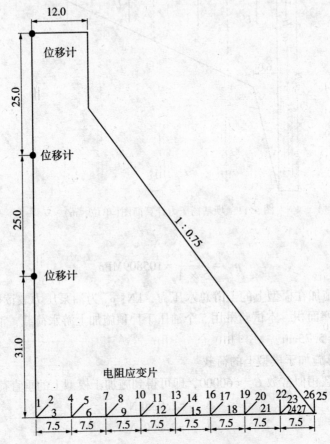

图 5.12 模型的应变和位移测点布置图(单位：cm)

表 5.2 应变片通道设置

坝段右侧面	通道	坝段左侧面	通道
补偿	0	第 1 点 90°	28
第 1 点 90°	1	第 1 点 45°	29
第 1 点 45°	2	补偿	30
第 1 点 0°	3	第 1 点 0°	31

续表

坝段右侧面	通道	坝段左侧面	通道
第2点90°	4	第2点90°	32
第2点45°	5	第2点45°	33
第2点0°	6	第2点0°	34
第3点90°	7	第3点90°	35
第3点45°	8	第3点45°	36
第3点0°	9	第3点0°	37
第4点90°	10	第4点90°	38
第4点45°	11	第4点45°	39
第4点0°	12	第4点0°	40
第5点90°	13	第5点90°	41
第5点45°	14	第5点45°	42
第5点0°	15	第5点0°	43
第6点90°	16	第6点90°	44
第6点45°	17	第6点45°	45
第6点0°	18	第6点0°	46
第7点90°	19	第7点90°	47
第7点45°	20	第7点45°	48
第7点0°	21	第7点0°	49
第8点90°	22	第8点90°	50
第8点45°	23	第8点45°	51
第8点0°	24	第8点0°	52
第9点90°	25	第9点90°	53
第9点45°	26	第9点45°	54
第9点0°	27	第9点90°	53

位移测点布置如图5.12所示,量测通道设置见表5.3。

表 5.3　　　　　　　　　　　　　位移计通道设置

位置	坝段左侧面			坝段右侧面		
	下	中	上	下	中	上
通道	0	1	2	3	4	5

（5）施加垂直荷载

荷载施加程序为先垂直荷载，后水平荷载。逐级均匀地施加垂直荷载，直至达到设计荷载值。模型的垂直荷载按 4 个分块分别施加相应的集中力，每个分块的荷载大小由拉压力传感器（图 5.7）和与其连接的 DH3818 应变量测系统控制。垂直荷载分级加载程序见表 5.4，表中应变仪读数为每级荷载作用下相应产生的应变。需要说明两点：①表 5.4 中加载程序及加载量仅为本重力坝结构模型教学试验采用，不具有通用性；②垂直荷载通过拉压力传感器，和应变仪连接，不同的荷载对应不同的应变，由此可绘出一条荷载-应变关系曲线，表 5.4 中应变值即由该曲线查得。

表 5.4　　　　　　　　　　重力坝模型垂直荷载加载程序

加载块	第 1 次加载		第 2 次加载		第 3 次加载		第 4 次加载	
	荷载（kN）	应变仪读数（$\mu\varepsilon$）	荷载（kN）	应变仪读数（$\mu\varepsilon$）	荷载（kN）	应变仪读数（$\mu\varepsilon$）	荷载（kN）	应变仪读数（$\mu\varepsilon$）
第 4 块	0.1	21	0.2	42	0.3	63	0.4	84
第 3 块	0.4	80	0.8	180	1.1	220	1.3	260
第 2 块	0.6	140	1.2	280	1.8	420	2.4	550
第 1 块	0.6	120	1.2	240	1.8	360	2.4	490

（6）施加水压力

垂直荷载施加完成后，再缓慢地施加水压力，直至达到设计荷载值。上游坝面水压力采用 5 个相同大小的油压千斤顶（图 5.8），通过油泵施加相应荷载（图 5.9），并通过各刚性垫块转换为近似的分布荷载。

需要注意的是：施加荷载时，先分块施加垂直荷载，并按照第 4 块、第 3 块、第 2 块、第 1 块的顺序施加垂直荷载，然后再施加水平荷载，卸载时顺序相反。

（7）读取位移和应变值

荷载施加完毕，等变形基本稳定后，开始读各测点的位移及应变值。

（8）卸荷

测量完毕，先卸水平荷载，再卸垂直荷载。对于一种荷载情况至少应进行 3~5 次加载测试。

（9）试验结束操作

试验结束，先关闭所有仪器电源，然后将模型、仪器设备整理复原。

5.1.6 成果整理

①根据相似原理计算原型各点的应力和位移。取多次模型试验测得的应变值的平均值，再按下列公式计算各点应力值：

$$\sigma_x = \frac{C_E E_m}{1 - \mu^2}(\varepsilon_0 + \mu\varepsilon_{90}) \tag{5.2}$$

$$\sigma_y = \frac{C_E E_m}{1 - \mu^2}(\varepsilon_{90} + \mu\varepsilon_0) \tag{5.3}$$

$$\tau_{xy} = \frac{C_E E_m}{2(1 + \mu)}(2\varepsilon_{45} - \varepsilon_0 - \varepsilon_{90}) \tag{5.4}$$

$$\sigma_1 = \frac{\sigma_x + \sigma_y}{2} + \frac{1}{2}\sqrt{(\sigma_x - \sigma_y)^2 + 4\tau_{xy}^2} \tag{5.5}$$

$$\sigma_2 = \frac{\sigma_x + \sigma_y}{2} - \frac{1}{2}\sqrt{(\sigma_x - \sigma_y)^2 + 4\tau_{xy}^2} \tag{5.6}$$

$$\tan 2\alpha = \frac{2\tau_{xy}}{\sigma_x - \sigma_y} \tag{5.7}$$

式中：σ_x 和 σ_y 分别为原型某点的 x 和 y 方向的应力；C_E 为弹性模量相似常数；E_m 为模型的弹性模量；μ 为泊松比；ε_0、ε_{45} 和 ε_{90} 分别为 0°、45°和 90°方向的应变值；τ_{xy} 为原型某点的剪应力；α 为主应力方向角；σ_1、σ_2 分别为第一和第二主应力。

②绘制断面应力分布图及结构位移图。

③根据试验结果，分析和评价重力坝断面在正常蓄水位下的工作状态。

5.1.7 主要设备的工作原理

（1）电阻应变片

电阻应变片的构造如图 5.13 所示。

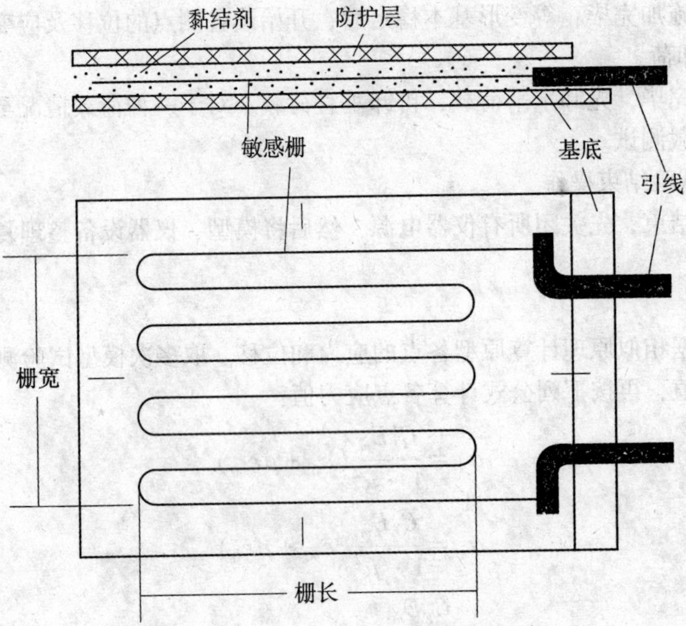

图中标注：黏结剂　防护层　敏感栅　基底　引线　栅宽　栅长

图 5.13　电阻应变计的构造示意图

金属电阻应变片的工作原理是吸附在基体材料上的应变电阻随机械形变而产生电阻值变化的现象，即电阻应变效应。从应变计、敏感栅上取一直线段来研究应变计的应变与电阻之间的关系，设线段的长度为 L，截面积为 A，电阻率为 ρ，则金属导体的电阻 R 可用下式表示：

$$R = \rho \frac{L}{A} \tag{5.8}$$

对式(5.8)取对数后再微分，得到

$$\frac{\mathrm{d}R}{R} = \frac{\mathrm{d}\rho}{\rho} + \frac{\mathrm{d}L}{L} - \frac{\mathrm{d}A}{A} \tag{5.9}$$

若该线段处于单向受力状态，由于泊松效应，有

$$\frac{\mathrm{d}A}{A} = -2\mu \frac{\mathrm{d}L}{L} = -2\mu\varepsilon \tag{5.10}$$

$$\varepsilon = \frac{\Delta L}{L}$$

式中：μ 为金属丝的泊松比；ε 为金属丝的应变。

将式(5.10)代入式(5.9)，得

$$\frac{\mathrm{d}R}{R} = \frac{\mathrm{d}\rho}{\rho} + (1 + 2\mu)\varepsilon$$

令

$$K = \frac{1}{\varepsilon}\frac{\mathrm{d}\rho}{\rho} + 1 + 2\mu$$

则

$$\frac{\mathrm{d}R}{R} = K\varepsilon \tag{5.11}$$

金属丝的应变与单位电阻变化成正比，其比例系数 K 称为金属丝的灵敏系数。应变计的灵敏系数还与敏感栅材料的性能、加工工艺以及所使用的黏结剂等因素有关，其灵敏系数均由实验标定给出。

（2）静态应变量测系统

基本原理是用电桥将应变片的电阻变化转换为电压变化或电流变化。以DH3818 应变量测系统为例，该系统由数据采集箱、计算机及支持软件组成，可自动、准确、可靠、快速地测量大型结构、模型及材料应力试验中多点的静态应变值。若配接适当的应变式传感器，还可对多点静态的力、扭矩、位移、温度等物理量进行量测。

下面以 1/4 桥、120Ω 桥臂电阻为例简单介绍静态应变量测系统的工作原理，如图 5.14 所示。

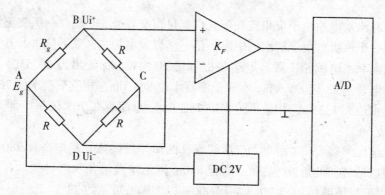

图 5.14　静态应变量测系统工作原理图

图 5.14 中，R_g 为测量片电阻，R 为固定电阻，K_F 为低漂移差动放大器增益，设 V_i 为直流电桥的输出电压（μV），$V_i = 0.25E_g K\varepsilon$ ，则有

$$V_0 = K_F V_i = 0.25 K_F E_g K \varepsilon$$

$$\varepsilon = \frac{4V_0}{E_g K K_F}$$

式中：ε 为输入应变量，10^{-6}；V_0 为低漂移仪表放大器输出电压，μV；E_g 为桥压，V；K 为应变计金属丝的灵敏度系数；K_F 为放大器的增益。

当 $E_g = 2V$，$K = 2$ 时，

$$\varepsilon = \frac{V_0}{K_F}$$

对于 1/2 桥电路，

$$\varepsilon = \frac{2V_0}{E_g K K_F} \tag{5.12}$$

对于全桥电路，

$$\varepsilon = \frac{V_0}{E_g K K_F} \tag{5.13}$$

测量结果由软件修正。

5.2 大花水碾压混凝土坝物理模型试验

5.2.1 工程概况

大花水水电站位于贵州省开阳县与福泉市交界处，是乌江一级支流清水河上的第一个梯级，位于清水河中游。是一座以发电为主，兼顾防洪及其他效益的综合水利水电枢纽工程。电站装机容量 200MW，保证出力 40.5MW，多年平均发电量 7.23 亿 kW·h。水库正常蓄水位 868.0m，相应下游水位 767.0m；校核洪水位 871.35m，相应下游水位 782.0m。总库容 2.765 亿 m³，调节库容 1.355 亿 m³。

坝址区河谷为较对称的"U"形峡谷，两岸岸坡陡峻。左岸高程 780~850m 为一缓坡地带，坡角 15°~20°，高程 850m 以上岸坡坡角 30°~60°。右岸高程 900m 以下岸坡坡角 45°~70°，高程 900m 以上岸坡坡角约 27°。

坝轴线上，左岸高程 822m 以下至河床以及右岸，为 P_{1q+m} 厚层灰岩，底部有厚约 5m 的薄至中厚层硅质灰岩及薄层炭质泥、页岩，与 P_{1L} 呈整合接触。左岸高程 822~840m 为 P_{2w}^1 泥页岩夹硅质岩；高程 840m 以上为 P_{2w}^2 含燧石结核灰岩、硅质灰岩夹泥页岩。河床覆盖层厚 1~3m；左岸古河床覆盖层厚

11~15m。

拦河大坝为抛物线双曲拱坝加左岸重力坝，坝轴线总长 287.56m。

拱坝坝顶高程 873.0m，坝底高程 738.5m，最大坝高 134.5m，坝顶厚 7.0m，坝底厚 23.0m，厚高比 0.171。最大中心角 81.6186°，最小中心角 59.4404°，中曲面拱冠处最大曲率半径 110.5m，最小曲率半径 50.0m，坝顶最大弧长 198.43m。拱坝呈不对称布置，中心线方位角 NE 2.50°。

重力坝坝顶高程 873.0m，底部高程 800.0m，最大坝高 73.0m，上游为铅直面，坝顶宽 20.0m，底宽 78.4m，下游坝坡 1：0.8，坝顶长 89.13m（沿坝轴线）。在高程 820.0m 以下重力坝沿后坡建基面浇筑形成 820.0m 平台。

坝体大体积混凝土为 C20 三级配碾压混凝土，坝体防渗采用二级配碾压混凝土自身防渗。

大花水水电站大坝全景如图 5..15 所示，拱冠梁剖面如图 5.16 所示。

图 5.15　大花水水电站大坝全景图

坝前淤沙高程 754.95m，淤沙浮容重 8.2kN/m³，淤沙内摩擦角 18°。坝体和坝基力学参数见表 5.5。

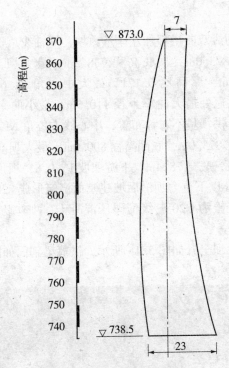

图 5.16　拱冠梁剖面图(单位：m)

表 5.5　　　　　　　　　　坝基岩层及坝体混凝土力学参数

材　料	弹性模量(GPa)	泊松比
坝体混凝土	20.0	0.167
坝基 P_{2w}^2	6.5	0.30
坝基 P_{2w}^1	2.0	0.31
坝基 P_{lq+m}	15.0	0.28

5.2.2　试验目的及步骤

开展大花水碾压混凝土坝物理模型试验的主要目的是研究拱坝及左岸重力坝各部位的应力及变形情况，模型试验步骤如下：

①模型设计。

②模型材料试验。

③试块浇筑与烘烤。

④模型加工与定位。

⑤应变计、位移计测点位置设计及布置。

⑥加载系统和量测设备设计及调试。

⑦试验及数据采集。

⑧成果整理。

5.2.3　模型设计与制作

（1）相似比尺

根据大花水工程的特点及试验任务的要求，确定模型几何相似常数 $C_L=180$，应力相似常数 $C_\sigma=12$，弹性模量相似常数 $C_E=6$，泊松比相似常数 $C_\mu=1$。根据弹性模型试验的相似判据 $\dfrac{C_\sigma}{C_L C_X}=1$，$\dfrac{C_\varepsilon C_E}{C_\sigma}=1$，$\dfrac{C_\varepsilon C_L}{C_\delta}=1$，$\dfrac{C_{\bar\sigma}}{C_\sigma}=1$ 和 $\dfrac{C_\sigma}{C_L C_\gamma}=1$，可得到体积力相似常数 $C_X=1/15$、应变相似常数 $C_\varepsilon=2$、位移相似常数 $C_\delta=360$、边界应力相似常数 $C_{\bar\sigma}=12$ 和容重相似常数 $C_\gamma=1/15$。

（2）模型范围

按照几何相似常数 $C_L=180$，拱坝模型最大高度为74.72cm，坝顶厚度为3.89cm，坝底厚度为12.78cm，最大弧长为110.24cm；重力坝模型最大高度为40.56cm，坝顶厚度为11.11cm，坝底厚度为43.56cm，坝顶长为49.57cm；模型地基深度取74.30cm（约为坝高的1倍），上游河床长度取62.22cm（约为坝高的0.83倍），下游河床长度取85.0cm（约为坝高的1.14倍），两岸山体深度大于相应高程拱端厚度的5倍。整个模型平面范围为280cm×160cm。

为保证坝体与基岩面接缝的质量，浇筑坝体模型时，取上下游各6cm和深度3cm的基础整体浇筑。

（3）模型材料

采用石膏作为制作模型的主要材料，设计了多种水膏比，进行了大量的材料试验，最终采用的模型材料的弹性模量见表5.6。

表5.6　　坝基岩体及坝体混凝土弹性模量

材料	原型弹性模量（GPa）	理论模型弹性模量（GPa）	实际模型弹性模量（GPa）
混凝土	20.0	3.333	3.280
P_{2w}^2	6.5	1.083	1.086
P_{2w}^1	2.0	0.333	0.316
P_{1q+m}	15.0	2.500	2.547

（4）模型制作

坝体模型先用木模浇筑毛坯，毛坯与模型尺寸相比，留有 10mm 的加工量。毛坯浇筑后放入烘房中，烘房中的温度控制在 38℃~42℃，待坝体模型的绝缘度达到约 300MΩ 时，加工成型，再放回烘房中，待坝体模型的绝缘度达到 500MΩ 时，均匀地刷一层酚醛清漆，以便密封防潮。

山体和基础由 10cm 厚的石膏板块砌筑而成。石膏板块根据不同的水膏比用木模浇筑成毛坯后，放入烘房中烘干，然后采用由多种材料配制成的具有与模型材料相应弹模的黏结剂进行黏结，黏结时分层错缝，由下而上，逐层黏合成整体。

制作完成的模型局部如图 5.17 所示。

图 5.17　大花水大坝模型

5.2.4　测点布置

应力测点布置如图 5.18 和图 5.19 所示，每个测点贴 3 向电阻应变片，试验分两种情况开展：①未设周边缝和诱导缝；②设有周边缝和诱导缝。首先进行无缝测点布置，试验完毕后，在周边缝和诱导缝处加工周边缝和诱导缝，然后在缝的另一侧贴应变片。

在模型下游面，布置了 25 个径向位移测点，如图 5.20 所示。

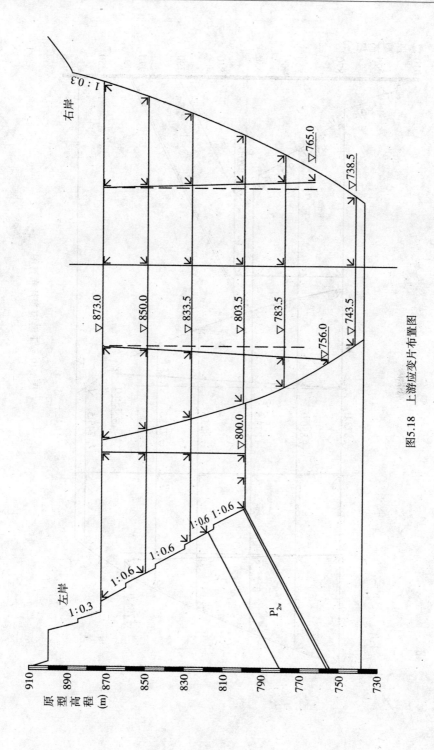

图5.18 上游应变片布置图

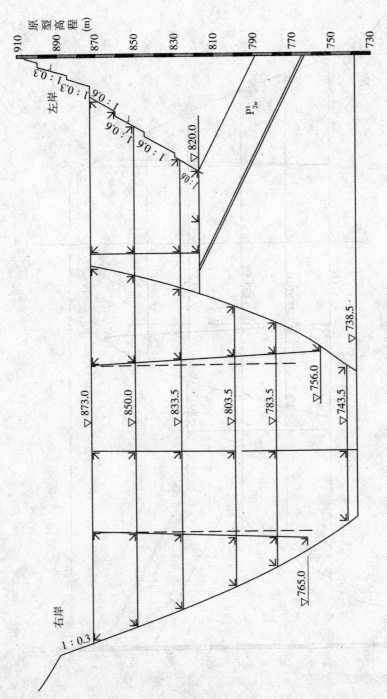

图5.19　下游应变片布置图

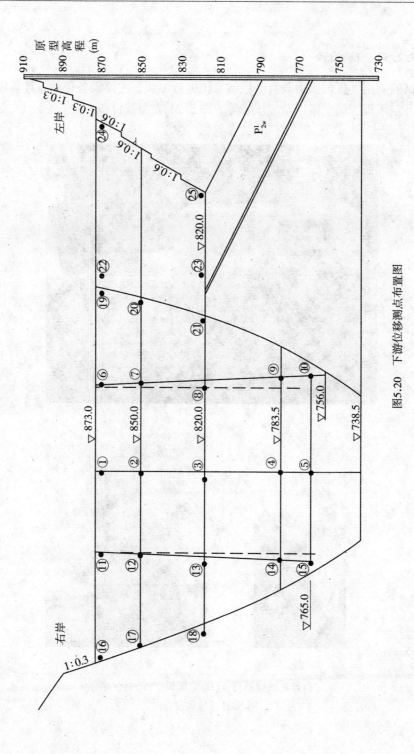

图5.20 下游位移测点布置图

5.2.5　加载设计

　　试验采用气压伺服加载自动控制系统进行加载，主要设备包括：计算机控制台、空压机、储气罐以及气压袋等。图 5.21 为加载设备。

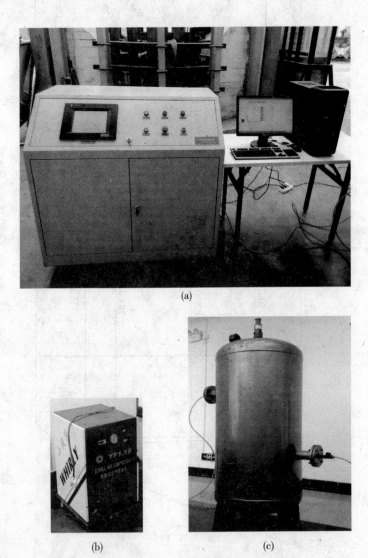

(a)

(b)　　　　　　　　　(c)

（a）计算机控制台；（b）空压机；（c）储气罐

图 5.21　加载设备

气压加载自动控制系统的工作原理是：由空压机产生 1.0MPa 左右的压缩空气作为压力源，通过止回阀输送到储气罐（止回阀的作用是防止空压机停机时储气罐中的空气倒灌），试验过程中保证储气罐的压力在 0.8MPa 以上，储气罐里的压缩空气经过两级过滤后，通过电/气转换器和可编程序控制器，输出压缩空气给气压袋。加载系统框图如图 5.22 所示。

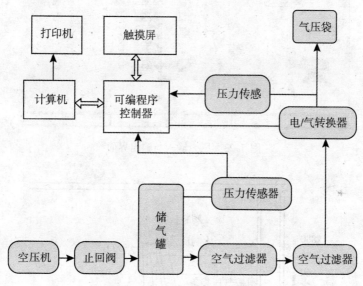

图 5.22　气压自动加载系统框图

作用于上游坝面的水压力采用阶梯状的气压加载逐步施加。气压袋采用乳胶袋，高度 6cm，宽度 1cm，长度按模型拱圈各个高程处的弧长来裁剪，共 13 条，由橡胶管与加载系统连接。

气压由空压机供应，空压机产生 1MPa 的压缩空气作为压力源，通过止回阀到储气罐，以保证储气罐的压力在 0.8MPa 以上，储气罐里的压缩空气经过两级过滤后，输送给电/气转换器，电/气转换器将可编程序控制器输出的 4～20mA 的压力控制电流信号转换成对应压力的压缩空气，输出给气压袋。压力大小由计算机输出信号控制，控制界面如图 5.23 所示。在"设定压力"框中，根据要求分别输入压力值；"实际压力"框中显示的数据即为气压袋上的实际压力值。如果采用多种加荷方式，也可采用"压力设定"按钮进行压力设定，试验时直接调用。

坝面气压加载示意如图 5.24 所示。在坝面与气压袋之间敷设一层泡沫塑

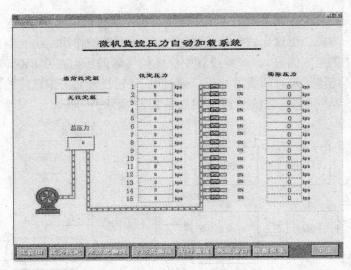

图 5.23　压力输入与输出界面

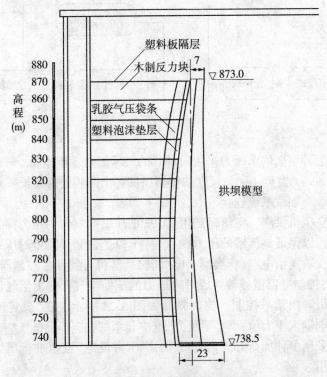

图 5.24　坝面气压加载示意图(单位:m)

料垫层作为传递荷载的过渡层；作为气压袋的支撑，搁置了厚度与气压袋高度相同的弧形木板；每层气压袋之间用1.0mm厚的塑料板隔开。

以正常蓄水位+相应下游水位+泥沙压力为例，不考虑自重荷载及温度荷载，简单介绍水压力及泥沙压力的模拟。

①上下游水压力模拟。已知水的容重$(\gamma_w)_p = 9.8 \text{kN/m}^3$，$C_\gamma = \dfrac{(\gamma_w)_p}{(\gamma_w)_m} = \dfrac{1}{15}$，有$\gamma_{wm} = 147 \text{ kN/m}^3$，则模型上任一高度$(h_w)_m$的水压力为：

$$(p_w)_m = (\gamma_w)_m (h_w)_m = 147 (h_w)_m \text{ kN/m}^2 \tag{5.14}$$

式中：下角标p表示原型，下角标m表示模型。

②泥沙压力模拟。已知泥沙的内摩擦角$\varphi_s = 18°$，泥沙的浮容重$\gamma'_{sp} = 8.2 \text{kN/m}^3$，$C_\gamma = \dfrac{(\gamma'_s)_p}{(\gamma'_s)_m} = 1/15$，有$(\gamma'_s)_m = 123 \text{ kN/m}^3$，则模型上任一高度$(h_s)_m$的泥沙压力为：

$$(p_s)_m = (\gamma'_s)_m (h_s)_m \tan^2\left(45° - \frac{\varphi_s}{2}\right) = 64.927 (h_s)_m \text{ kN/m}^2 \tag{5.15}$$

从底部开始，分13层加载，由式(5.14)和式(5.15)可得到模型各层应施加的荷载，见表5.7。

表5.7 正常蓄水位+相应下游水位+泥沙压力作用下模型各层中点的压力

序号	原型各层中点高程（m）	模型上游面水压力（kPa）	模型下游面水压力（kPa）	模型上游面泥沙压力（kPa）	模型各层中点应施加荷载（kPa）
1	863.50	3.68			3.68
2	853.50	11.84			11.84
3	843.50	20.01			20.01
4	833.50	28.17			28.17
5	823.50	36.34			36.34
6	813.50	44.51			44.51

续表

序号	原型各层中点高程 （m）	模型上游面水压力 （kPa）	模型下游面水压力 （kPa）	模型上游面泥沙压力 （kPa）	模型各层中点应施加荷载 （kPa）
7	803.50	52.67			52.67
8	793.50	60.84			60.84
9	783.50	69.01			69.01
10	773.50	77.18			77.18
11	763.50	85.34	2.86		82.48
12	753.50	93.51	11.03	0.523	83.00
13	743.50	101.67	19.19	4.13	86.61

开始试验之前，对模型反复加载预压，以消除模型材料的残余变形。当预压后的模型释放荷载后，应变值和位移值基本恢复到 0，此时认为模型在弹性状态下工作。

模型试验中，由于不考虑重力的作用，模型上仅施加水荷载和泥沙荷载，因此，为了防止拱坝坝踵处出现拉裂，参考有限单元法应力计算结果，经综合考虑，试验按照表 5.7 中应施加荷载的 1/5 进行加载。从底部开始加载，按照从第 1 层到第 13 层气压袋的顺序，待当前层气压稳定后，再进行上一层加载。13 层全部加载完毕，稳定一段时间(不小于 20min)，测量应变和位移。

为了保证试验成果的可靠性，同一工况应重复进行多次试验。

5.2.6　试验成果及分析

大花水碾压混凝土拱坝结构模型试验，分两种情况开展：①未设周边缝和诱导缝；②设有周边缝和诱导缝。先进行无缝结构试验，无缝结构试验完毕后，加工出周边缝和诱导缝，周边缝根据结构的实际缝深进行加工，诱导缝按坝体剖面的 1/4 连通率进行加工，再进行有缝结构试验。

下面简单介绍正常蓄水位+泥沙压力+相应下游水位工况下的试验成果。

（1）径向位移

表5.8和表5.9分别为未设缝和设缝条件下，测得的下游坝面径向位移。可以看出：在模型试验的条件下，下游径向位移方向指向下游；最大位移发生在拱冠梁断面，向左右拱端位移逐渐减小，左岸重力坝部分位移较小；设置周边缝和诱导缝之后，拱坝坝体的径向位移有增大。

表5.8　　　　　　　　　　下游坝面径向位移（未设周边缝和诱导缝）

位移计编号	1	2	3	4	5	6	7	8	9
位移值（mm）	11.93	13.13	26.62	15.42	7.09	9.33	14.50	12.57	7.13
位移计编号	10	11	12	13	14	15	16	17	18
位移值（mm）	0.78	5.93	4.83	16.04	7.48	1.76	1.79	0.36	1.86
位移计编号	19	20	21	22	23	24	25		
位移值（mm）	6.88	5.96	5.62	2.60	4.49	0.42	1.79		

表5.9　　　　　　　　　　下游坝面径向位移（设有周边缝和诱导缝）

位移计编号	1	2	3	4	5	6	7	8	9
位移值（mm）	26.85	27.92	33.60	18.00	14.89	24.11	25.38	28.29	11.88
位移计编号	10	11	12	13	14	15	16	17	18
位移值（mm）	7.50	20.77	23.25	25.88	13.55	12.36	8.06	7.25	2.60
位移计编号	19	20	21	22	23	24	25		
位移值（mm）	16.05	17.90	0.83	2.16	0.90	0.36	0.40		

（2）坝体应力

表5.10和表5.11分别为不设置和设置诱导缝、周边缝时上、下游坝面应力对比。

大花水碾压混凝土坝物理模型试验研究历时近1年，周期较长，工序较复杂，试验结果与数值分析结果规律基本一致。

表 5.10　　　　　　　　　　有缝无缝应力成果对比（上游面）

高程 （m）	部位		应力（MPa）	
			无缝	有缝
873	左拱端	o_x	−0.62	−0.49
		o_y	−0.76	−0.11
	左诱导缝	o_x	−0.85	−1.21
		o_y	−1.48	−0.15
	拱冠	o_x	−1.28	−1.82
		o_y	−0.79	−0.48
	右诱导缝	o_x	−1.13	−1.20
		o_y	−0.90	−0.09
	右拱端	o_x	−1.88	−0.73
		o_y	−0.45	0.33
850	左拱端	o_x	−0.23	−0.30
		o_y	−0.37	−0.05
	左诱导缝	o_x	−2.93	−2.46
		o_y	−2.16	−0.91
	拱冠	o_x	−2.94	−2.63
		o_y	−2.22	−0.81
	右诱导缝	o_x	−2.78	−2.48
		o_y	−0.79	−0.70
	右拱端	o_x	−0.68	−0.40
		o_y	−0.12	−0.04

高程 （m）	部位		应力（MPa）	
			无缝	有缝
833.5	左拱端	o_x	−0.61	−0.27
		o_y	−0.68	−0.04
	左诱导缝	o_x	−3.58	−2.40
		o_y	−2.13	−0.24
	拱冠	o_x	−3.48	−2.94
		o_y	−2.23	−0.93
	右诱导缝	o_x	−3.38	−2.39
		o_y	−1.44	−0.35
	右拱端	o_x	−0.70	−0.54
		o_y	−0.28	−0.12
803.5	左拱端	o_x	−0.59	−0.44
		o_y	−0.27	0.35
	左诱导缝	o_x	−4.22	−2.52
		o_y	−1.66	−0.24
	拱冠	o_x	−3.76	−3.19
		o_y	−1.88	−0.88
	右诱导缝	o_x	−3.36	−1.75
		o_y	−1.28	−0.43
	右拱端	o_x	−0.35	−0.69
		o_y	−0.14	−0.53

续表

高程 （m）	部位		应力（MPa）	
			无缝	有缝
783.5	左拱端	σ_x	-2.70	-2.75
		σ_y	-0.45	-0.28
	左诱导缝	σ_x	-2.50	-2.18
		σ_y	0.46	0.16
	拱冠	σ_x	-3.75	-3.03
		σ_y	-1.83	-0.72
	右诱导缝	σ_x	-2.25	-1.61
		σ_y	-1.03	0.13
	右拱端	σ_x	-0.45	-0.98
		σ_y	-0.73	-0.38
743.5	左拱端	σ_x	-3.98	-3.28
		σ_y	0.27	0.35
	左诱导缝	σ_x		
		σ_y		
	拱冠	σ_x	-1.34	-0.32
		σ_y	3.58	5.19
	右诱导缝	σ_x		
		σ_y		
	右拱端	σ_x	-0.52	-0.20
		σ_y	-0.17	0.33

表 5.11   有缝无缝应力成果对比（下游面）

高程 （m）	部位		应力（MPa）	
			无缝	有缝
873	左拱端	o_x	-2.99	-2.04
		o_y	-0.88	0.18
	左诱导缝	o_x	-1.13	-1.21
		o_y	-0.38	-0.15
	拱冠	o_x	-0.48	-0.51
		o_y	-0.41	-0.06
	右诱导缝	o_x	-1.00	-0.78
		o_y	-1.10	-0.27
	右拱端	o_x	-2.53	-0.92
		o_y	-1.73	-0.54
850	左拱端	o_x	-4.78	-4.68
		o_y	-0.61	-0.23
	左诱导缝	o_x	-1.76	-1.40
		o_y	0.09	0.26
	拱冠	o_x	-1.16	-0.73
		o_y	0.60	0.22
	右诱导缝	o_x	-1.77	-1.09
		o_y	0.06	0.53
	右拱端	o_x	-4.53	-3.61
		o_y	-1.14	-0.42

续表

高程 （m）	部位		应力（MPa）	
			无缝	有缝
833.5	左拱端	o_x	−3.90	−4.17
		o_y	−0.43	−0.43
	左诱导缝	o_x	−2.08	−1.55
		o_y	0.53	0.16
	拱冠	o_x	−1.91	−1.04
		o_y	1.03	0.19
	右诱导缝	o_x	−1.97	−1.02
		o_y	0.49	0.51
	右拱端	o_x	−5.05	−3.99
		o_y	−1.12	−0.33
803.5	左拱端	o_x	−3.35	−2.64
		o_y	−0.56	−0.26
	左诱导缝	o_x	−2.31	−1.08
		o_y	0.11	0.64
	拱冠	o_x	−1.25	−0.48
		o_y	0.53	0.71
	右诱导缝	o_x	−2.11	−0.35
		o_y	0.14	0.60
	右拱端	o_x	−6.53	−5.73
		o_y	−1.80	−0.73

续表

高程 (m)	部位		应力(MPa)	
			无缝	有缝
783.5	左拱端	o_x	−5.07	−3.49
		o_y	−1.37	−0.95
	左诱导缝	o_x	−2.58	−1.80
		o_y	−0.68	−0.54
	拱冠	o_x	−0.96	−0.21
		o_y	0.17	0.62
	右诱导缝	o_x	−1.78	−1.05
		o_y	−0.52	−0.18
	右拱端	o_x	−5.88	−4.71
		o_y	−1.86	−0.71
743.5	左拱端	o_x	−1.55	−0.53
		o_y	−1.39	−1.03
	左诱导缝	o_x		
		o_y		
	拱冠	o_x	−0.03	0.31
		o_y	−3.09	−3.27
	右诱导缝	o_x		
		o_y		
	右拱端	o_x	−1.79	−0.96
		o_y	−2.26	−1.08

第6章　地质力学模型试验

水工地质力学模型试验是20世纪70年代发展起来的一项试验技术。地质力学模型试验将建筑物与基岩作为整体，考虑建筑物与基岩的共同作用。大坝的安全性与基岩的稳定性紧密相关，尤其是高混凝土坝，例如，混凝土拱坝坝肩的抗滑稳定性，混凝土重力坝沿坝基面的抗滑稳定性、沿坝基软弱结构面的深层抗滑稳定性以及岸坡坝段抗滑稳定性等。随着在高山峡谷中高坝建设的蓬勃开展，涉及的问题已不仅仅是大坝高度增加带来的简单量变过程，而是涉及常规设计的原则、方法、手段及判据需要重新认识的质变过程。

高坝及坝基长期承受巨大的水荷载以及复杂的环境作用，如温度作用、渗流作用、化学作用等，其内部损伤演化是一个高度非线性弹黏塑性过程，只有了解了这一过程，并采用合理的结构设计、施工、加固和监测措施，才能保证大坝的安全。地质力学模型可以模拟工程结构、地质构造、工程措施以及加载过程、环境因素等，在几何尺寸、边界条件、作用荷载以及材料的容重、强度、变形等特性满足相似理论的前提下，研究大坝在施工、运行等工况下的线性弹性状态、非线性弹性状态、塑性屈服过程以及开裂破坏过程等。

由于地质力学模型试验可以直观地研究建筑物与基岩整体模型破坏的发生与发展过程，因此是研究大型水工建筑物和基础的变形、破坏机理以及安全度的重要手段之一。

下面详细介绍原武汉水利电力学院开展的漫湾重力坝和东江拱坝地质力学模型试验研究。

6.1　漫湾水电站混凝土重力坝地质力学模型试验

6.1.1　工程概况

漫湾水电站位于云南省西部云县和景东县交界处的漫湾河口下游约1km处的澜沧江中游河段上，是澜沧江开发的第一期工程。漫湾水电站以发电为单一开发目标，总装机容量 150 万 kW。电站分两期建设：一期工程装机容量 125 万 kW，1986 年 5 月开工建设，1987 年 12 月大江截流，1993 年 6 月第一台机组并网发电，1995 年 6 月建成，5 台机组全部投产运行；二期工程装机容量 25 万 kW，2004 年开工，2007 年 5 月建成投入运行，多年平均发电量 63 亿 kW·h。枢纽主要建筑物包括拦河坝和坝后式厂房。枢纽布置如图 6.1 所示，建成后的漫湾水电站如图 6.2 所示。

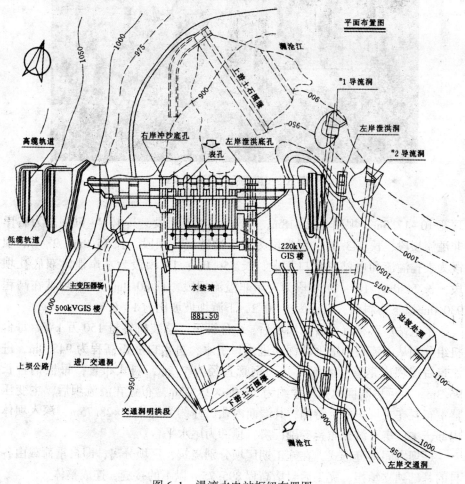

图 6.1 漫湾水电站枢纽布置图

拦河坝为实体混凝土重力坝，最大坝高为 132m，坝顶高程 1002.0m，坝

图 6.2 建成后的漫湾水电站

顶宽 10~17.5m，坝顶全长 418m，共分为 19 个坝段，其中 1#~7# 坝段为右岸非溢流坝段，长 143.0m；8# 坝段为右岸冲砂底孔坝段，长 15.0m；9#~14# 坝段为表孔溢流和电站进水口坝段，长 156.0m；15# 坝段为左岸泄洪双底孔坝段，长 24.0m；16#~19# 坝段为左岸非溢流坝段，长 80.0m。上游坝坡在高程 930.0m 以下为斜面，坡比为 1：0.2，下游坝坡坡比为 1：0.7。

水电站厂房布置在溢流坝坝后，6 台机组，总装机容量 150 万 kW。每台机组分别从溢流坝闸墩下的深式进水口引水，进水口底板高程为 945.0m，进水口后接坝内钢管引水至厂房，钢管直径为 7.5m，斜式布置，每根钢管长 96.3m。主厂房断面内孔尺寸约为 25.0m×23.75m，布置在溢流坝后，主变压器室布置在主厂房的上游侧，其端面内孔尺寸约为 20.0m×28.75m，深入坝体内部，主厂房下游侧布置有副厂房，顶部为尾水平台。

厂坝之间接缝形式，在施工期厂坝分别浇筑，厂坝分离，即自重荷载由各自的基础独立承担，完工后封堵高程 895.75m 以下的接缝，连成整体。

坝址位于反"S"形急拐弯的下段，河谷狭窄，底部宽度仅 60 余 m，在高程 1000.0m 处，宽约 420m。左岸山体单薄，三面临江，为 40°左右的均匀山坡。右岸山体雄厚，地形坡度为 20°~35°。地震基本烈度为 7 度。电站工程地

114

质区主要岩层为中三叠纪流纹岩，岩性较均一。河床冲积层较浅（4~7m），下伏弱风化层较薄，透水性弱，岩层中脉状承压水埋藏较深。

水库正常蓄水位 994.0m，相应尾水位 900.2m。材料参数见表 6.1。

表 6.1　　　　　　　　　　　　　材料参数

坝体混凝土			基岩				
容重（kN/m³）	弹性模量（GPa）	泊松比	容重（kN/m³）	变形模量（GPa）	泊松比	单块岩石抗压强度（MPa）	允许抗压强度（MPa）
24	18	0.167	26	8~12	0.25	80	15

6.1.2　试验任务

对河床中最高的溢流坝段进行超载破坏试验，研究超载安全系数及破坏过程。

6.1.3　模型设计

（1）模拟内容

以最高的溢流坝段及其坝基为模拟对象，细部结构模拟：①主厂房、副厂房及主变室；②钢管、蜗壳及尾水管（仅在模型相应位置处挖出孔洞，试验中未考虑它们的重量）；③厂坝分缝，高程 895.75m 以下部分的缝在厂、坝模型分别制作完工后进行封堵。

为了研究厂坝之间的接缝宽度，制作了两个破坏试验模型。模型Ⅰ按照厂坝之间原型接缝缝宽为 2.5cm 进行模拟；模型Ⅱ按照厂坝之间原型接缝缝宽为 10cm 进行模拟，且模拟了两个不对称布置的厂坝之间的通道。

（2）模型范围

坝基地质较为均匀，且无原生软弱夹层，基础模拟深度取 50m，上游坝基模拟长度取 100m，下游坝基模拟长度取 130m。

（3）相似常数

根据相似理论、工程特点及试验条件，经过分析研究，确定主要相似常数如下：

几何相似常数：$C_L = \dfrac{L_p}{L_m} = 100$

变形模量相似常数：$C_E = \dfrac{E_p}{E_m} = 100$

应变相似常数：$C_\varepsilon = \dfrac{\varepsilon_p}{\varepsilon_m} = 1$

泊松比相似常数：$C_\mu = \dfrac{\mu_p}{\mu_m} = 1$

位移相似常数：$C_\delta = \dfrac{\delta_p}{\delta_m} = 100$

容重相似常数：$C_\gamma = \dfrac{\gamma_p}{\gamma_m} = \dfrac{C_\sigma}{C_L} = 1$

根据上述相似关系确定的模型厚度为 26cm，高约 170cm，长约 350cm，模型总质量约为 1500kg。属于半整体空间模型。

（4）模型材料

对于破坏模型试验，自重应按照体积力模拟，要求模型材料具有容重大、强度低、变模低等特点。因此，模型破坏试验材料通常由加重料、掺合料以及黏合料等组成，通过调整各材料的配比，来满足或近似满足相似要求。破坏试验模型材料需要满足的相似项目较多，要同时满足众多项目有较大难度，因此，通常只能满足部分项目的相似要求。

针对漫湾混凝土重力坝地质力学模型试验，研究小组做了大量的材料研究工作，通过对 100 多组配比、上千个试件的材料力学性能试验，最终选定材料为：重晶石粉、石膏粉、甘油和水。由于不同批次购进材料的性能稍有差异，故模型Ⅰ与模型Ⅱ的材料配比及力学性能也略有差异，材料试验结果见表 6.2 和表 6.3。

表 6.2　　　　　　　　　　　　　模型Ⅰ的材料配比及力学性能

部位	材料配比				密度（g/cm³）	变形模量（MPa）	抗压强度（MPa）	抗拉强度（MPa）
	重晶石粉	石膏粉	甘油	水				
坝体	35	1	1.2	8	2.35	170	0.150	0.022
基岩	35	1	1.4	10	2.30	120	0.250	0.033

表6.3　　　　　　　　　　　模型Ⅱ的材料配比及力学性能

部位	材料配比				密度（g/cm³）	变形模量（MPa）	抗压强度（MPa）	抗拉强度（MPa）
	重晶石粉	石膏粉	甘油	水				
坝体	35	1	1.2	7.6	2.34	166	0.165	0.057
基岩	35	1	1.2	9.4	2.39	128	0.173	0.044

根据表6.2和表6.3所示材料配比，首先将材料制成预制块，再砌筑加工成模型，对高程895.75m以下的厂坝分缝，按照设计施工工序，在全部砌筑完工后进行封堵，最后采用超声技术对模型各个部位进行质量检查。完工后的模型Ⅱ照片如彩图6.3所示。

6.1.4　加载装置及超载方式

（1）荷载

本试验考虑两种基本荷载：①建筑物与地基的自重；②作用于上下游坝面的静水压力。

（2）加载方法

自重由模型材料本身的容重来实现。上下游静水压力根据作用于模型上的液压容重 $(\gamma_w)_m$ 与作用于原型上的液压容重 $(\gamma_w)_p$ 相同的原则，在上下游坝面设置乳胶水袋，与水源及压力表连通，进行加载。加载装置如图6.4所示。

（3）超载方式

进行超载破坏试验一般有两种方式：增加液压容重和升高水位（即超水头超载方式）。超水头方式进行超载较增加液压容重方式进行超载应用更为广泛，本试验采用超水头超载方式。具体方法如下：

首先使上下游水位升高至高程900.2m（正常蓄水位对应的尾水位），封堵尾水乳胶袋出气管，使尾水位保持不变；然后将上游水位升高至正常蓄水位994.0m，以 H 表示，此时坝体承受的上游水压力为 P ，以此作为超载的起始状态；第1次超载，将上游水位升高至 H_1 ，这时大坝承受的上游水压力为 $P + \Delta P_1$ ，如果大坝未出现裂缝，则继续升高上游水位，直至模型开始出现裂缝，最终崩塌为止。

超水头超载方式每次增加的荷载为一平行四边形压力图形，如图6.5所示。若水位到达 H_i 时模型开始出现裂缝，这时超载水头系数为 $K_H = H_i/H$ ，超

载系数为 $K_P = \dfrac{P_{H_i}}{P_H} = \dfrac{2H_i}{H} - 1$。

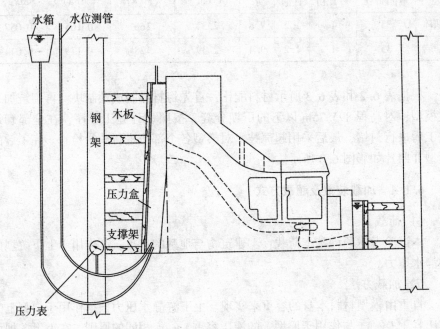

图 6.4　水压力施加装置

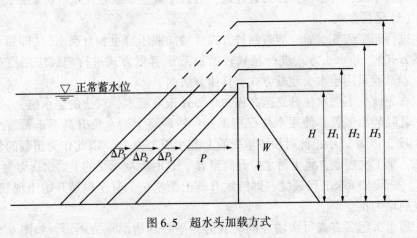

图 6.5　超水头加载方式

6.1.5 监测系统及测点布置

(1)监测系统

为了监测模型在荷载作用下随时空的性态演变及其破坏过程,在模型上布置了位移、应变及 x-y 函数记录仪三套监测系统,如彩图 6.6 所示。

(2)测点布置

位移测点布置在坝顶、主变室顶部、厂房顶板以及尾水平台顶板等高程较高、位移相对较大处,采用电阻位移计配合千分表进行超载过程的实时跟踪。

应力测点布置在主、副厂房及主变室 3 个大型孔洞的角缘处,这些地方可能出现应力集中。通过常规的应变仪及自动跟踪记录仪两个系统,对角缘处的应力进行实时跟踪。

为了及时了解裂缝产生和发展的过程,在主厂房和主变室的侧墙等处,布置了一些单向应变测点,通过 x-y 函数记录仪进行实时跟踪。

6.1.6 试验程序

①启动全部监测仪器。

②上下游水袋同时充水,至高程 900.2m 时,封闭下游水袋,以保持尾水位不变;继续给上游水袋充水至正常蓄水位 994.0m,封闭上游水袋,并以此作为超载的起始状态。

③继续升高水位,开始逐级超载,前 3 级超载水位按每级升高 $0.2H$ 施加,即 $H_1 = 1.2H$, $H_2 = 1.4H$, $H_3 = 1.6H$,以后每级按升高 $0.1H$ 递增,即 $H_4 = 1.7H$, $H_5 = 1.8H$,……

④当监测系统的实时跟踪记录出现有突变信号时,在模型上找出相应的开裂位置,监测裂缝的发展进程,直到结构破坏为止。

6.1.7 试验成果及分析

(1)模型 I 破坏试验

模型 I 按原型厂坝接缝缝宽为 2.5cm 模拟,模型上缝宽 0.25mm。当超载水位至 $1.6H$ 时,坝顶位移变化幅度明显增大,但主副厂房未发现有异常现象。当超载水位达 $1.7H$ 时,主副厂房顶端位移突然增大,说明厂坝分缝已经闭合,来自坝体的荷载已传至厂房;同时主变室角缘应变值也出现突变信号,在模型上发现两条裂缝,第 1 条裂缝在主变室顶板跨中,向上开裂贯穿顶板,延伸至导流墙脚;第 2 条裂缝在坝体高程 886.0m 附近,从上游面开始,水平裂开。继续将超载水位提高到 1.8H 时，监测信号再次出现突变，此时主变室下游侧墙拉裂，厂坝接缝进一步贴紧，厂房承受来自坝体的荷载增大，导致主厂房上下游侧墙被拉裂和拉断。模型 I 破坏情况如图 6.7 所示。

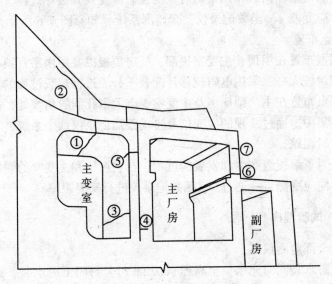

图 6.7 模型 I 破坏情况

(2)模型 II 破坏试验

和模型 I 比较，模型 II 作了两处改变：①在主厂房与主变室之间增开了两个通道，这两个通道沿坝段厚度方向呈不对称布置，贯穿主厂房上游侧墙与主变室下游侧墙，尺寸如图 6.8 所示；②将厂坝之间接缝在高程 895.75m 以上部分的永久缝宽由方案 I 的 2.5cm(原型)增大到 10cm(原型)。

试验方法及超载程序与模型 I 相同。图 6.9 为测点位置示意，其中，1、2、3、4 为右侧测点，5、6、7、8 为左侧测点，图 6.10 为图 6.9 所示测点 1~8 在超载水位至 1.7H 和 2.0H 时的应变监测点实时信号。图 6.11 和图 6.12 为监测点超水头-位移关系曲线，图 6.13~图 6.16 为主厂房底部监测点超水头-应力/应变关系曲线，图中 σ_H 表示水平应力，σ_V 表示垂直应力。需要说明的是，图 6.10~图 6.16 中坐标未标注单位，图中坐标比例尺仅作为相对比较分析使用，而非绝对值，是从定性的角度提供超载安全度及分析模型破坏过程。

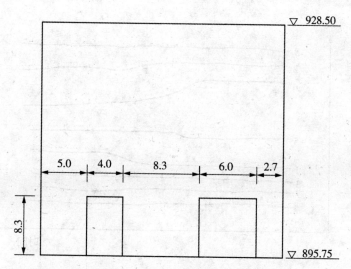

图6.8 主厂房与主变室之间增开的两个通道(单位：m)

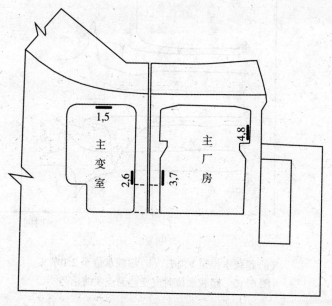

图6.9 测点位置示意图

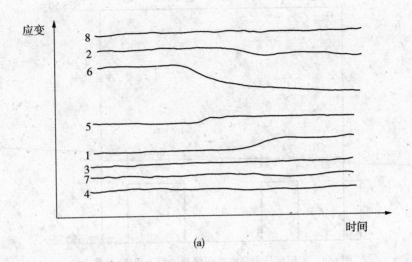

(a)

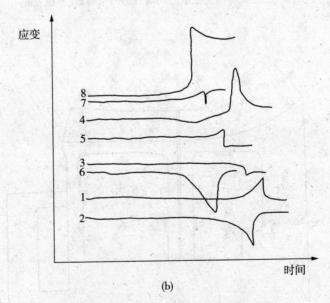

(b)

(a)超载水位至 1.7H；（b)超载水位至 2.0H

图 6.10 超载水位时应变监测点实时信号

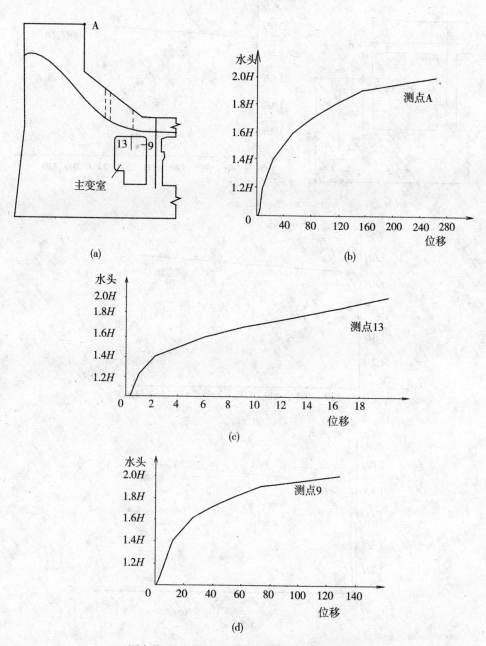

（a）测点位置；（b）测点 A；（c）测点 13；（d）测点 9

图 6.11　主变室侧墙及下游坝顶监测点超水头-位移关系曲线

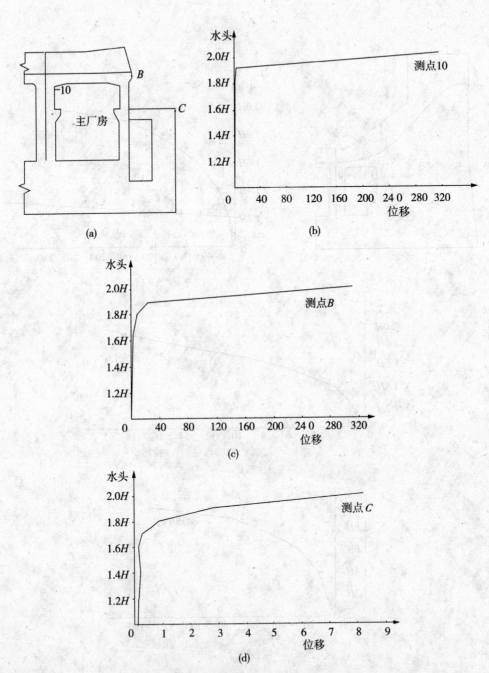

（a）测点位置；（b）测点 10；（c）测点 B；（d）测点 C

图 6.12　主厂房及周围监测点超水头-位移关系曲线

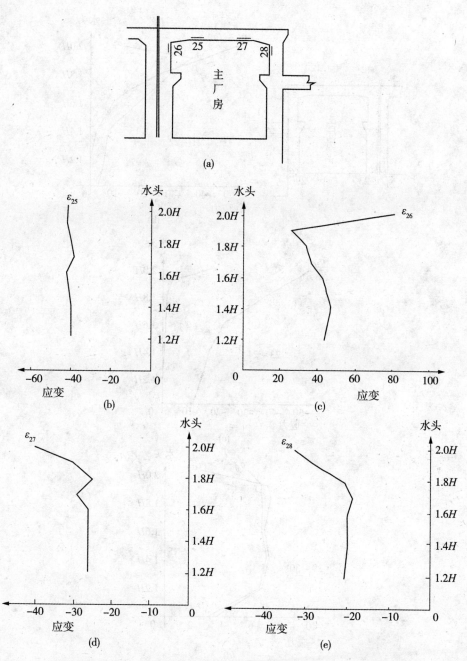

（a）测点位置；（b）测点 25 ；（c）测点 26 ；（d）测点 27；（e）测点 28
图 6.13 主厂房顶部监测点超水头-应变关系曲线

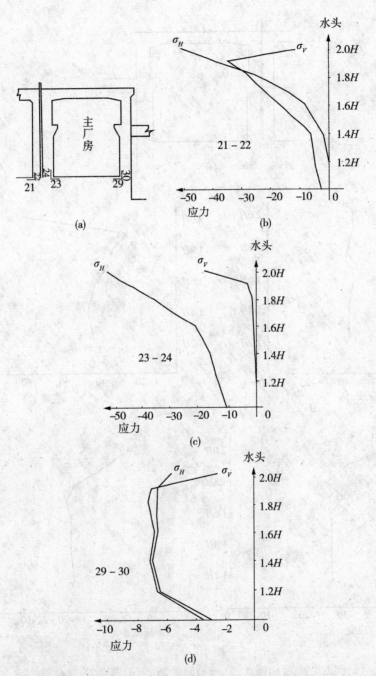

(a)测点位置；(b)测点 21—22 ；(c)测点 23—24 ；(d)测点 29—30

图 6.14　主厂房底部监测点超水头-应力关系曲线

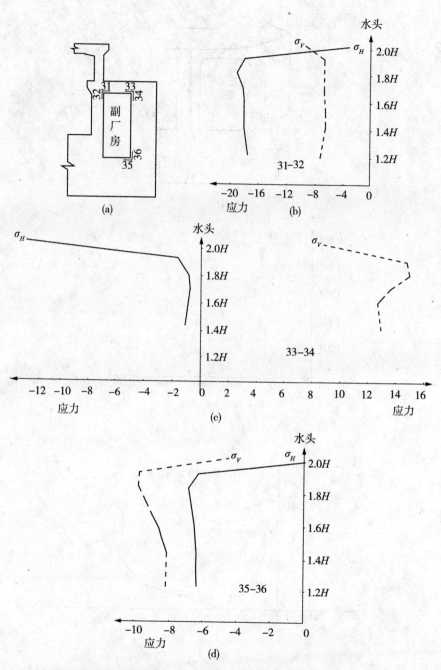

（a）测点位置；（b）测点 31—32；（c）测点 33—34；（d）测点 35—36

图 6.15 副厂房监测点超水头-应力关系曲线

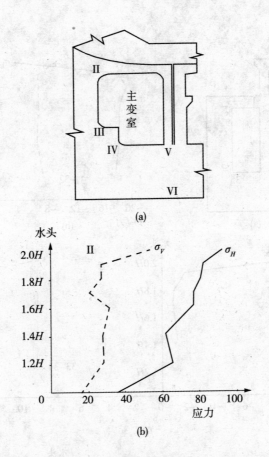

(a)

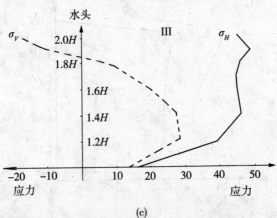

(b)

(c)

图 6.16　主变室监测点超水头-应力关系曲线(1)

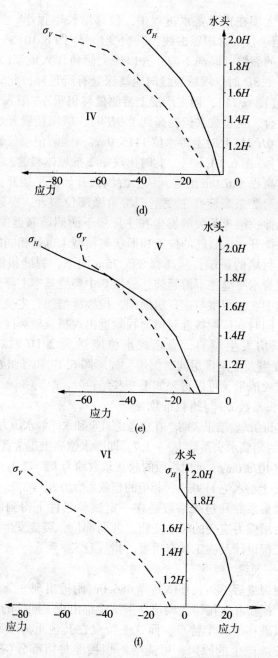

（a)测点位置；（b)测点Ⅱ；（c)测点Ⅲ；（d)测点Ⅳ；（e)测点Ⅴ；（f)测点Ⅵ

图 6.16　主变室监测点超水头-应力关系曲线(2)

加载开始，大坝在正常蓄水过程中，位移增长率很小。当超载水位达到1.7H时，函数记录仪实时跟踪曲线出现突变信号[图6.10(a)]，上游坝踵首先出现非常细微的裂缝，倾向下游，并以较大倾角深入地基(彩图6.18)。当超载水位提高到1.8H时，坝踵裂缝向地基深处有所延伸，此时主变室下游侧墙位移明显增大(图6.11)，而主厂房上游侧位移仍很小(图6.12)，说明此时厂坝接缝还未闭合。当超载水位提高到1.9H时，厂坝接缝开始传力。当超载水位刚提高到2.0H时(此时上游水位1115.0m)，函数记录仪显示多数监测点再次出现突变信号[图6.10(b)]，此时出现第2批坝体裂缝，共4条：第1条裂缝仍然在坝体高程886.0m附近，从上游坝面开始水平裂开，其位置和形状与模型Ⅰ相同；第2条裂缝在主变室上游角缘部位裂开，穿透溢流面板，向上、向导流墙延伸；第3条裂缝发生在主厂房下游侧墙靠近顶部、高程923m附近，从外向内拉开，该裂缝的位置和形状与模型Ⅰ也是相同的；第4条裂缝出现在厂坝接缝封堵的顶端，从高程895.75m向下，裂缝很细。继续提高超载水位，由于坝身水平缝往下游延伸，故坝基中裂缝基本上停止发展，之后出现的裂缝主要集中在主变室与主厂房周围，拉裂缝增加，主变室及主厂房两边侧墙均被拉断，同时在厂坝接缝封堵高程附近出现挤压破坏区，这时坝体水平裂缝张开，主厂房发生倾斜，当超载水位刚达到2.1H时(此时上游水位1130.0m)，主变室及主副厂房同时倒塌，如彩图6.17和彩图6.18所示。

分析上述试验成果，可以得到如下一些结论：

(1)超载水头系数K_H与超载系数K_P

模型Ⅰ和模型Ⅱ的试验结果表明：在仅考虑自重和水库静水压力的情况下，坝段开始出现裂缝时的超载水头系数$K_H \approx 1.7$，即库水位高出正常蓄水位坝前水深约70%时(上游水位1078.0m)，此时坝段的超载系数约为$K_P = 2.4$；破坏时的超载水头系数$K_H \approx 2.1$(上游水位1130m)，相应的超载系数为$K_P = 3.2$。

上述超载水头系数及超载系数是在一定试验条件下得到的结果。通过试验，可以了解大坝应力应变的时空变化、薄弱部位、裂缝发生发展以及破坏的整个过程，对工程设计及施工具有重要的指导意义。

(2)坝体水平裂缝

继坝踵出现裂缝后不久，坝体高程886.0m附近出现一条水平裂缝。模型Ⅰ是平缝砌筑，模型Ⅱ改用错缝砌筑，但试验都出现了同样的结果，因此可以认为这是该坝段破坏的一个特点，而这一特点在其他重力坝破坏形态中较少见。分析这条裂缝产生的原因，可能与厂坝接缝封堵部分(高程895.75m以下)的工作状态有关，因为在水平裂缝出现的同时，厂坝接缝的封堵顶端右侧也发现一条垂直向下的细裂缝，左侧相同部位接缝处有挤压隆起现象，说明坝体高程 886.0m 附近的坝底已被开裂的厂坝接缝切断，因此当超载水头达到或接近 2.0H 时，合力超出了下游三分点，于是上游面被拉裂。厂坝接缝高程 886.0~895.75m 之间虽经灌浆封堵，但由于该处断面被钢管削弱约 17.4%，是一薄弱部位，同时，封堵顶端(高程 895.75m)附近在荷载作用下会产生一定的集中应力，所以超载至一定程度时导致封堵缝产生压剪破坏。

(3)主变室顶部裂缝

这是一条拉裂缝，与坝体水平缝几乎同时出现。模型Ⅰ出现在顶板跨中，模型Ⅱ则出现在顶板上游角缘，这一差别可能与厂坝接缝的缝宽有关。模型Ⅰ模拟缝宽 2.5cm(原型)，超载过程中厂、坝靠拢较早，主变室变形受到一定限制，因此跨中应力首先超过极限强度，导致开裂。而模型Ⅱ模拟缝宽为 10cm(原型)，超载过程中厂、坝靠拢引起主变室产生较大变形，因而上游角缘处首先被拉裂。这条裂缝最终穿过导流墙，是主变室最终崩塌的主裂面。

(4)主厂房裂缝

主厂房在厂坝接缝靠拢后开始产生裂缝。由主变室顶部和溢流导墙传来的荷载，使主厂房上、下游侧墙受到较大的弯矩与剪力，于是主厂房下游侧墙顶部、上游侧墙顶部和底部先后被拉断，这些都是断面比较单薄的部位。随着荷载增大，主厂房下游侧墙牛腿以上断裂，厂房顶部明显向下游发生错动，直至结构破坏。

(5)副厂房

副厂房在上述超载范围内没有出现拉裂破坏，而是在主厂房倒塌时随之发生破坏。当主厂房向下游错位达到一定程度时，主变室顶部连同导流墙首先跌落，将厂坝接缝左右两侧墙撞倒，主厂房顶板坍落，撞到副厂房上、下游两侧墙，副厂房随之坍落，于是坝后厂房结构全部破坏。这一切几乎是在瞬间完成的。

厂房倒塌后片刻，坝体沿残存部分的弱面(沿钢管轴线剖面)裂开。至此，大坝结构全部破坏。

6.2　东江水电站混凝土拱坝地质力学模型试验

6.2.1　工程概况

东江水电站位于湖南省湘江支流耒水上。工程于 1958 年 10 月开工，1961 年停建，1978 年 3 月复工，1987 年 10 月第 1 台机组发电，1989 年全部机组投入运行。枢纽由混凝土双曲拱坝、两岸潜孔滑雪道式溢洪道各 1 座、左岸放空兼泄洪洞 1 条、右岸泄洪洞 1 条、过木道和坝后式厂房等组成。混凝土双曲拱坝坝顶高程 294m，最大坝高 157m，坝底宽 35m，坝顶宽 7m，厚高比 0.223。坝顶中心弧长 438m，中心角 82°，内弧半径 302.3m。水库正常蓄水位 285m，总装机容量 50 万 kW。

东江拱坝不仅是 20 世纪 80 年代中国建成的最高的混凝土双曲薄拱坝，而且其设计和施工有着诸多特色。例如，坝后背管的设计和施工(获国家科技进步奖)，泄洪建筑物采用窄缝挑流消能方式，以及坝内装设自动安全监测系统等。东江水电站的建成标志着中国拱坝建设进入成熟期。

图 6.19 为东江拱坝平面图及拱冠梁剖面，图 6.20 为建成后的东江水电站。

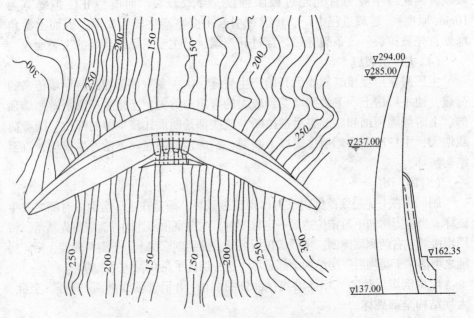

图 6.19　东江拱坝平面布置及拱冠梁剖面(单位：m)

6.2.2　试验任务

试验的主要任务是研究拱坝承载力及破坏机理。

原武汉水利电力学院水工结构实验室首先进行了东江拱坝在正常荷载作用下的整体结构模型试验、拱坝局部加厚后的整体模型静力试验，以及坝踵 F_3 断层对东江拱坝影响的整体结构模型试验；之后，为了进一步研究拱坝的承载能力及其破坏机理，又进行了拱坝地质力学整体模型超载破坏试验。

图 6.20 建成后的东江水电站

为了使模型尽可能真实地反映竣工后工程的运行情况，东江拱坝地质力学整体模型精确模拟了基岩及混凝土的自重(按实际体积力模拟)，并模拟了坝后 4 条发电背管以及镇墩等结构。

6.2.3 模型设计

(1)相似常数
根据相似理论、工程特点及试验条件，经过分析研究，确定主要相似常数如下：

几何相似常数： $C_L = \dfrac{L_p}{L_m} = 200$

弹性模量相似常数： $C_E = \dfrac{E_p}{E_m} = C_\gamma C_L = 200$

应力相似常数： $C_\sigma = \dfrac{\sigma_p}{\sigma_m} = 200$

应变相似常数： $C_\varepsilon = \dfrac{\varepsilon_p}{\varepsilon_m} = 1$

泊松比相似常数： $C_\mu = \dfrac{\mu_p}{\mu_m} = 1$

位移相似常数： $C_\delta = \dfrac{\delta_p}{\delta_m} = 200$

容重相似常数：$\qquad C_\gamma = \dfrac{\gamma_p}{\gamma_m} = 1$

强度相似常数：$\qquad C_R = \dfrac{R_p}{R_m} = 200$

根据原型资料及上述相似常数确定模型各部分尺寸为：最大坝高 78.5cm，顶拱最大弧长 219cm，拱冠梁顶宽 3.5cm、底宽 17.5cm。

（2）模拟范围

上游到 F_3 断层，下游基础长 130cm（相当于原型 260m），坝基深度 50cm（相当于原型 100m）；两岸拱端山体厚在高程 294m 处取 45cm（相当于原型 90m），其他各高程拱端山体厚度均取超过 5 倍相应高程拱端厚度。

坝体容重 24kN/m³，基岩容重 26 kN/m³，模型总质量超过 10^4kg。

（3）模型材料

根据 $C_E = C_R = 200$ 和 $C_\gamma = 1$ 研制模型相似材料。

有两种方法研制模型相似材料：①按集中力模拟；②按体积力模拟。对于拱坝地质力学模型试验而言，方法②更理想。本试验采用高容重、低弹模、低强度的模型材料，且要求模型材料的拉压比较一般弹性模型材料更加接近实际材料。

模型材料主要由 3 部分组成：①以重晶石粉为主体的加重料；②以石膏、胶或油为主体的胶凝材料；③以砂、粉类为主体的掺合料。通过调整各材料之间的配比以及不同的成型压力、成型速度等，研究材料的物理力学性质。

材料试验内容包括：容重、强度、静弹模、动弹模、泊松比、均匀性、稳定性等。材料试验工作量巨大，为了提高效率，采取了两项措施：①设计制作了一套试件成型模具，改人工成型为机器成型；②在材料试验中大量应用超声技术。

通过对几十组配比、几百个试件进行的上千次测试，筛选出基本满足相似要求的坝体模型材料 D75、坝基模型材料 F7-1 和 F7-2，见表 6.4。各模型材料力学参数之间的相对关系与原型材料匹配。

（4）模型制作

整体地质力学模型试验的材料用量很大，不可能一次成型。因此通常先制作成小的预制块，再筑砌、加工成型。由于预制块的数量很大，浇筑成型及烘干需花费很多人力和时间。为了加快工作进程，原武汉水利电力学院水工结构试验室自行设计并加工了一台 GM-90 简易压模机，成功解决了模型预制块的生产问题，且保证了全部预制块在统一的标准工艺下成型，从而很好地控制了预制块的质量。

表6.4　　　　　　　　　　　　　　材料力学参数

部位		密度 （g/cm³）	弹性模量 （MPa）	抗压强度 （MPa）	抗拉强度 （MPa）	泊松比
坝体	模型 D75	2.4	150	0.22	0.024	0.20
	原型	2.4	3×10^4	44	4.8	0.20
两岸 山体	模型 F7-1	2.6	165	0.65	0.05～0.068	0.18～0.21
	原型	2.6	3.3×10^4	130	1.0～1.36	0.18～0.21
坝基	模型 F7-2	2.6	220	0.8		0.19
	原型	2.6	4.4×10^4	160		0.19

　　模型毛坯的砌筑程序如下：第一期分层砌筑高程 137.0m 以下的地基部分；第二期砌筑离拱端较远的两岸山体部分；第三期分层砌筑坝体和尚未砌筑的拱端附近的两岸山体。三期砌筑完成后，先对模型进行粗加工，再进一步精加工，最后（第四期）砌筑加工镇墩和 4 条发电背管。

　　为了控制模型质量，采取了两项措施：①超声技术检测预制块的质量，低频超声波对地质力学模型材料有较好的反映，利用纵波波速与材料物理力学性质建立的相关关系，在模型砌筑之前，对每一块预制块进行超声检查，合格的预制块方可用于模型砌筑。②分块设计以解决错缝问题，保证模型有较好的整体性。

　　（5）模型检查

　　模型砌筑完毕后，需进行全面质量检查，对模型的体形、尺寸、均匀性等作出评估。步骤如下：

　　①采用模板、水准仪以及量具等对拱冠、拱端等部位的特征值进行测定。通过对 51 个断面的检查结果表明，模型的加工精度约为 1%。

　　②进行超声波检查，坝体部分共 8 个拱圈、62 个测点，从所测得的各高程拱圈的声时分布图（图 6.21 和图 6.22）可以看出，坝体质量较为均匀，体形基本对称。两岸拱端岩体共检测了 8 个高程，无论是采用等间距还是不等间距方法，测得的声时图（图 6.23）均表明，拱端部分岩体质量较为均匀。

　　③对拱坝在无背管和有背管两种情况下的库空模型进行动态测定。由坝体 56 个锤击点所记录下的加速度响应、功率谱、传递函数等信息，经分析整理得出的第一振型和第二振型曲线（图 6.24～图 6.26）表明，坝体在无背管和有背管情况下，整体模型都是均匀对称的。

　　因此，东江拱坝整体地质力学模型质量符合要求。

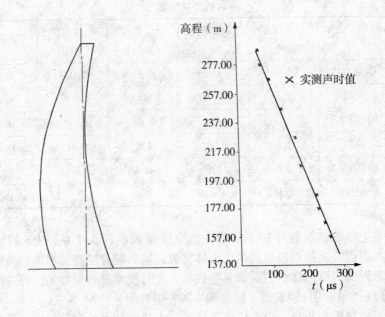

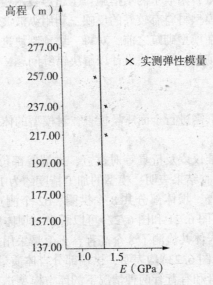

图 6.21 拱冠梁断面实测声时分布图

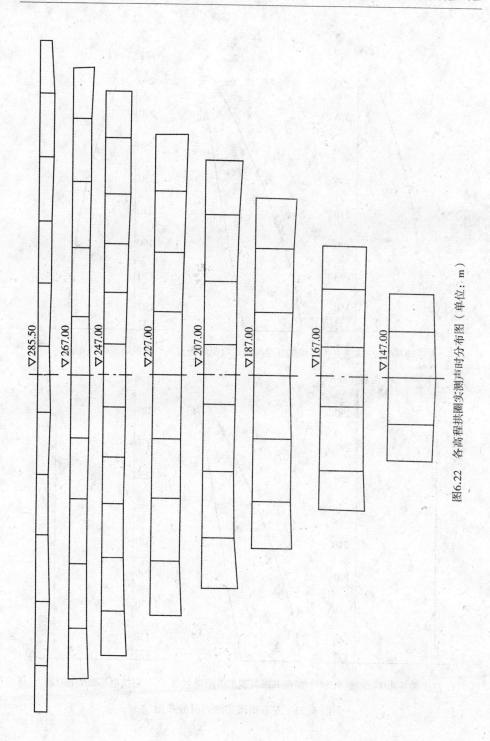

∇285.50 ∇267.00 ∇247.00 ∇227.00 ∇207.00 ∇187.00 ∇167.00 ∇147.00

图6.22 各高程拱圈实测声时分布图（单位：m）

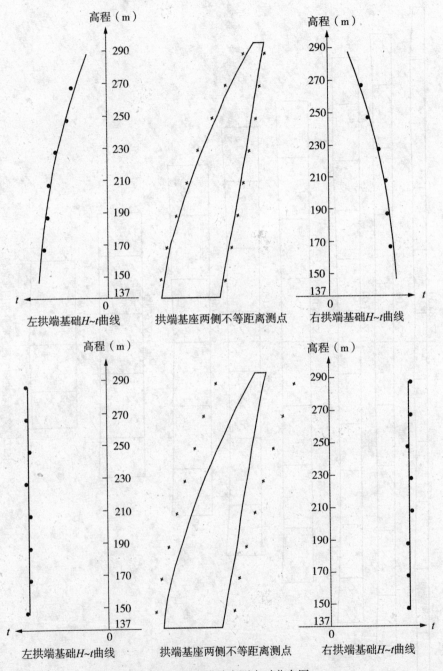

图 6.23　左右拱端实测声时分布图

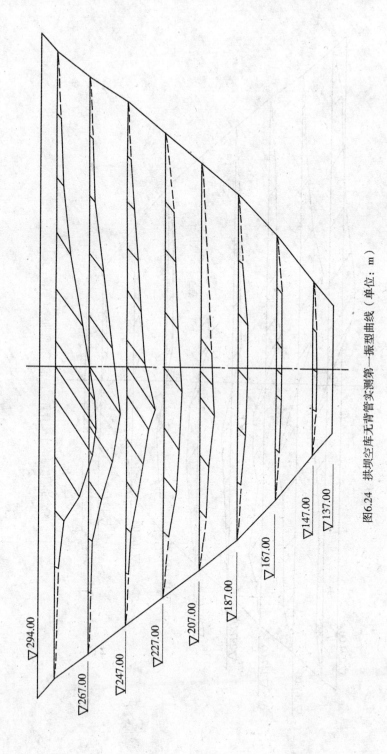

∇294.00

∇267.00

∇247.00

∇227.00

∇207.00

∇187.00

∇167.00

∇147.00

∇137.00

图6.24 拱坝空库无背管实测第一振型曲线（单位：m）

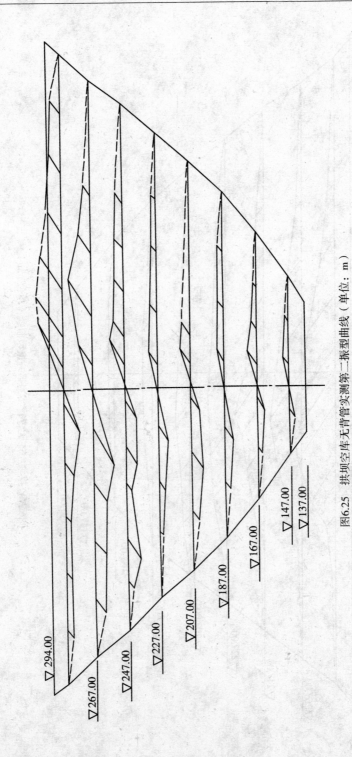

图6.25　拱坝空库无背管实测第二振型曲线（单位：m）

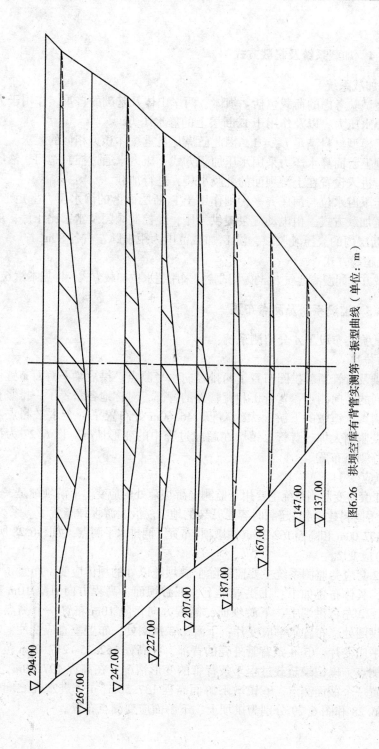

图6.26 拱坝空库有背管实测第一振型曲线（单位：m）

6.2.4　加载系统及超载方式

（1）加载系统

模型试验考虑的荷载包括：坝体、两岸山体及基础的自重，作用于大坝上游面的静水压力，以及作用于 F_3 断层上的静水压力。

由于模型材料满足 $C_\gamma = 1$，因此已满足自重按体积力相似的要求。

大坝上游面静水压力采用水压加载方式，压力水通过控制阀门、液压表及测压牌，进入设置在上游坝面的乳胶水袋，进行加载。

假定下游水位与河床齐平，则作用于 F_3 断层面上的静水压力呈矩形分布。采用气压加载方式，由电动气泵提供气压，经控制阀门及水银比压计，进入设置于 F_3 断层内的气压乳胶袋，沿 F_3 加载范围为距坝踵左右各80m。

（2）超载方式

超载方式同漫湾地质力学模型试验，采用超水位加载方式，详见本章6.1.4。

6.2.5　监测系统及测点布置

本试验共布设了4套监测系统：

（1）位移

顶拱及背管顶部拱圈布置了两排径向水平测点；拱冠梁下游面布置了一排竖直排列的径向测点；背管 I 和背管 IV 的背部，对称地各布置了一排竖直排列的径向测点；镇墩的下游面大约高程146.60m处布置了一个水平测点。通过这些测点监测大坝、背管、镇墩在超载过程中的变形情况。图6.27为拱坝下游面位移测点布置。

（2）应变1

第1套应变监测系统主要用于监测上游坝踵处的应变。上游坝踵是一般拱坝（无背管等附属建筑物）超载时容易开裂的地方。沿上游坝踵布置了一系列测点，在高程137.00m和高程162.35m（镇墩顶）布置了两排水平测点，如图6.28所示。

（3）应变2

第2套应变监测系统主要监测除上游坝踵以外的坝体应变。布置了200多个测点，具体布置如下：①拱冠梁上、下游坝面，高程方向每隔10m布置一个测点。②左右拱端上、下游坝面，高程方向每隔10m布置一个测点。③上游1/3拱圈处，布置水平应变片；下游1/3拱圈处，布置垂直应变片。④顶拱布置水平应变片。⑤4条背管外壳的背部，在高程162.35~217.00m范围，布置4层测点，以记录超载过程4条背管的变形情况；在高程197.00m，4条背管各布置一个截面测点。⑥镇墩下游面高程137.50m，4个进水孔之间布置测点。图6.28和图6.29分别为拱坝上、下游面应变测点布置。

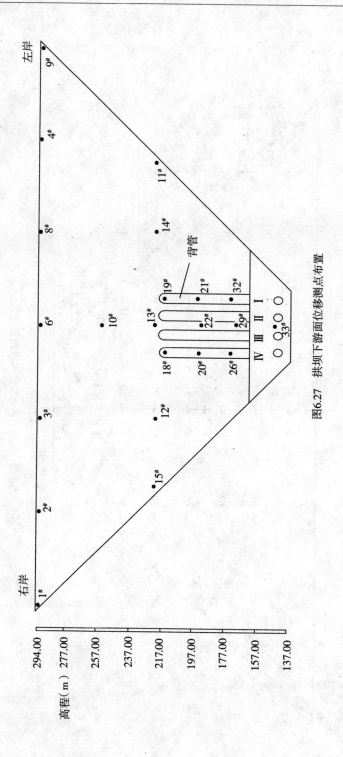

图6.27 拱坝下游面位移测点布置

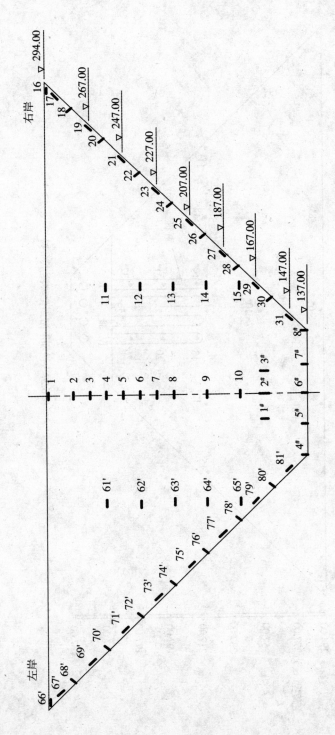

图6.28 拱坝上游面应变测点布置(单位：m)

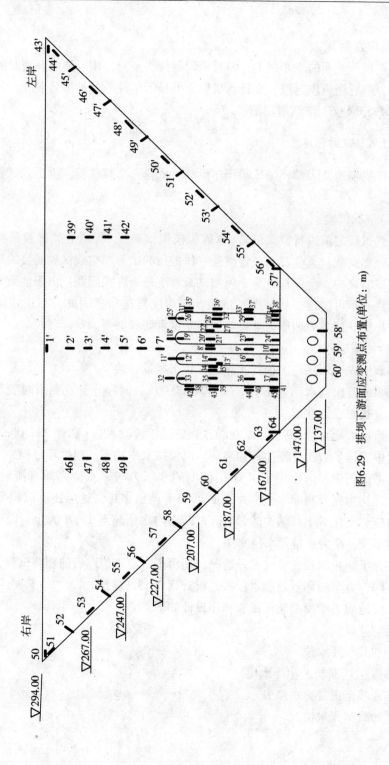

图6.29 拱坝下游面应变测点布置(单位: m)

（4）声发射

在拱坝下游面的左半拱上，布置声发射探头一只，用以接收开裂时的声脉冲信号，然后经声发射仪，在计算机屏幕上显示事件的各种信号曲线，并且在X-Y 函数记录仪上继续追踪记录。

6.2.6　试验程序

东江拱坝地质力学模型试验程序设计，依据先空载试验，再正式试验的原则进行。

（1）空载试验

正式试验之前进行空载试验（也称为模拟试验）。所谓空载试验是指在模型上不施加荷载，其他都和正常试验一样进行的试验。空载试验的目的是为了在正式试验之前，全面检查整个模型试验系统是否存在问题。由于地质力学模型试验具有不可逆性，是一次性试验，不能反复进行，因此，在正式试验之前，安排空载试验对地质力学模型试验非常重要和必要。

（2）加载顺序

加载的先后顺序与工程的实际运行状态尽量一致。

①水库首次蓄水，至死水位（高程 237.00 m）时停止，观测瞬时变形，保持恒压，观测稳定变形。

②水位由死水位（高程 237.00 m）升高至正常蓄水位（高程 285.00m），试验过程中安排了数次反复加荷和卸荷，以模拟水库的蓄、泄循环过程。

③考虑到坝基内作用于 F_3 断层面上的水压力与库水位之间有滞后现象，加载过程均为先升高库水位，再在 F_3 断层上施加水压，这样还可以观测到 F_3 断层内应力变化对上部结构的影响。F_3 断层内水压超至 1.5H 为止，以后即保持恒定不变，H 为正常蓄水位水深。

④为了防止出现突发性意外情况，超出正常蓄水位以后的超载试验，水位只升不降，直至破坏。超载水位按每级升高 0.13H 施加。

东江地质力学模型破坏试验程序设计如下：

①空载试验。

②加载至死水位。

③施加 F_3 断层上相应水压。

④加载至正常蓄水位 H。

⑤卸载至死水位。

⑥加载至正常蓄水位 H。

⑦卸载至死水位。

⑧加载至正常蓄水位 H。

⑨施加 F_3 断层上水压 H。

⑩超载至 $1.52H+F_3$ 断层上水压 H。

⑪超载至 $2.0H+F_3$ 断层上水压 H。

⑫超载至 $2.46H+F_3$ 断层上水压 H。

⑬超载至 $2.46H+F_3$ 断层上水压 $1.5H$。

⑭超载至 $2.71H+F_3$ 断层上水压 $1.5H$。

⑮超载至 $3.10H+F_3$ 断层上水压 $1.5H$。

⑯超载至 $3.50H+F_3$ 断层上水压 $1.5H$。

⑰超载至 $3.93H+F_3$ 断层上水压 $1.5H$。

⑱超载至 $4.30H+F_3$ 断层上水压 $1.5H$。

⑲超载至 $4.69H+F_3$ 断层上水压 $1.5H$。

⑳超载至 $5.08H+F_3$ 断层上水压 $1.5H$。

㉑超载至 $5.48H+F_3$ 断层上水压 $1.5H$。

㉒超载至 $5.88H+F_3$ 断层上水压 $1.5H$。

㉓超载至 $6.47H+F_3$ 断层上水压 $1.5H$。

㉔超载至 $7.07H+F_3$ 断层上水压 $1.5H$。

6.2.7 试验成果及分析

正式试验开始，试验过程记录如下：

①加载至正常运行荷载组合时，整个系统工作正常。

②超载至 $2.71H_1+1.5H_2$ 时，追踪屏幕上开始出现声发射信号，但强度较弱，此时可能有微裂隙产生。

③超载至 $3.10H_1+1.5H_2$ 时，屏幕上再次出现连续的声发射信号，此时在 X-Y 函数记录仪上有一次脉冲出现，并发生了第一次开裂。

④超载至 $(5.08\sim5.48)H_1+1.5H_2$ 时，屏幕上出现连续声发射信号，且在 X-Y 函数记录仪上又出现若干次脉冲，表明坝体内部发生第二次开裂。

⑤超载至 $7.07H_1+1.5H_2$ 时，声发射监示屏幕不断显示间断的脉冲，表示裂缝在迅速扩展，持荷不到 1 分钟，肉眼可看到高程 220.00~237.00m 拱坝坝体裂开，高程 220.00~237.00m 以上坝体大幅度向下游变位，下游面右拱端被

严重压碎, 右拱端高程 237.00m 以上沿拱座断裂, 最终丧失承载能力, 模型破坏。

基于试验成果, 对东江拱坝工作性态开展分析研究。

(1) 坝体结构特征

一方面, 从拱坝在超载过程中坝顶拱圈的变形情况看(图 6.30), 顶拱变形在平面上较为对称, 和无背管拱坝的变形规律无明显差异; 另一方面, 由试验得到的东江拱坝在库空时无背管和有背管情况下的动力特征曲线(图 6.24 和图 6.26 表示)可以看出, 有背管时, 高程 220.00m 以下坝体的振幅比无背管时要小, 说明背管与拱坝联合工作, 可增强坝体下部的刚度, 这是对竣工坝体模型进行空载试验所反映出来的一个重要的结构特征。

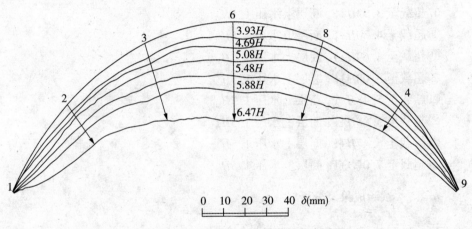

图 6.30　超载过程中坝顶拱圈位移图

(2) 坝体位移特征

图 6.31 和图 6.32 分别为顶拱拱圈测点和拱冠梁下游面测点在超载过程中的位移变化图, 图 6.33 为背管Ⅳ和背管Ⅰ背部径向测点位移过程线, 图 6.34 为镇墩下游面高程 146.60m 测点位移过程线。由图 6.32 可以看出, 当超载系数 $K>2.70$ 时, 高程 230.00m 以上坝体的位移增加速度明显大于高程 230.00m 以下坝体的位移增加速度, 使拱冠部分坝体在立面上的变形, 由曲线型逐渐变为折线型, 这是带背管拱坝在超载作用下的位移特征, 与无背管拱坝的试验成果不同。

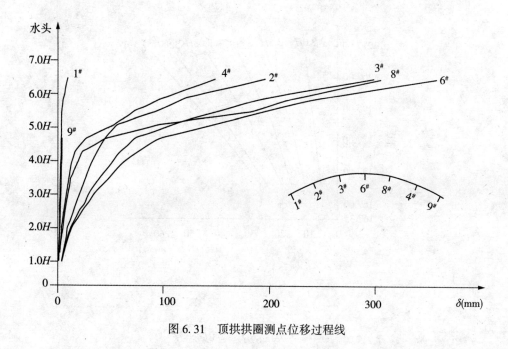

图 6.31　顶拱拱圈测点位移过程线

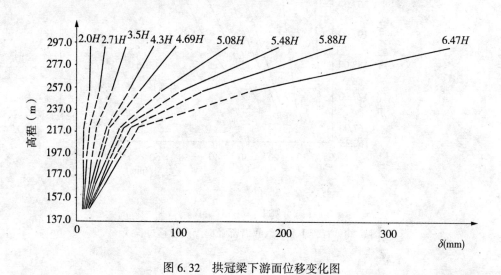

图 6.32　拱冠梁下游面位移变化图

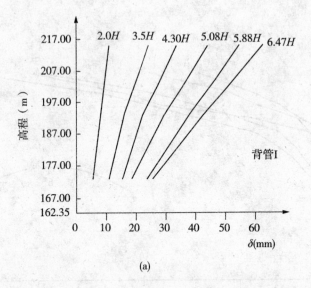

(a)

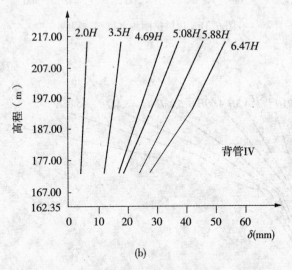

(b)

（a）背管 I；（b）背管 IV

图 6.33　背管 I 和背管 IV 背部径向测点位移过程线

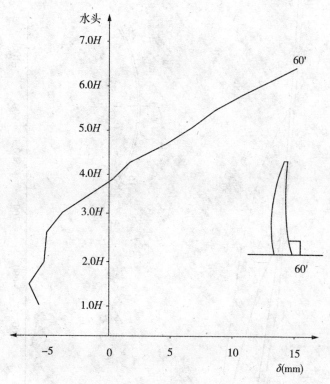

图 6.34 镇墩下游面高程 146.60m 测点位移过程线

(3)坝体应力应变特征

由于地质力学模型不宜用于测量应力,因此本研究不对应力作全面评价,但是通过对 200 多个应变测点的实测资料分析,也能够得到一些坝体受力的明显特点。图 6.35~图 6.56 是测点的超载-应变过程线。以图 6.38 拱冠梁下游面沿高程分布的竖向应变为例,可以看出,高程 227.00~247.00m 的应力状态比较复杂,无论是应变过程线的形状还是梯度,在无背管拱坝应力模型试验中是没有的现象,背管与拱坝联合工作比没有背管的应力状态复杂。

因此,背管与拱坝联合工作可以加强拱坝下部的刚度,但同时须注意由此而引起的应力重分布,以及是否由此会出现新的矛盾或新的薄弱环节。

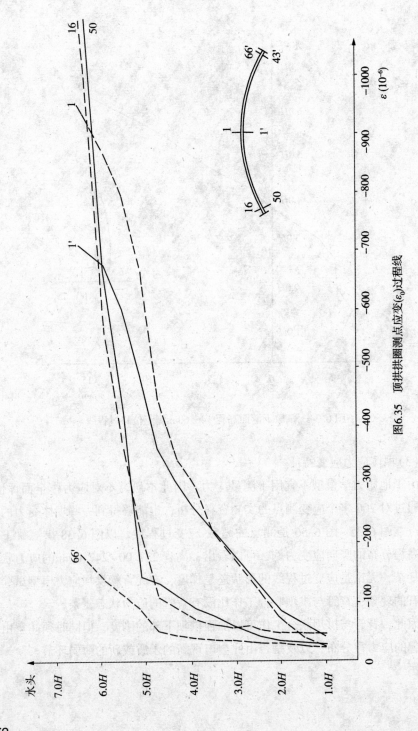

图6.35　顶拱拱圈测点应变(ε_0)过程线

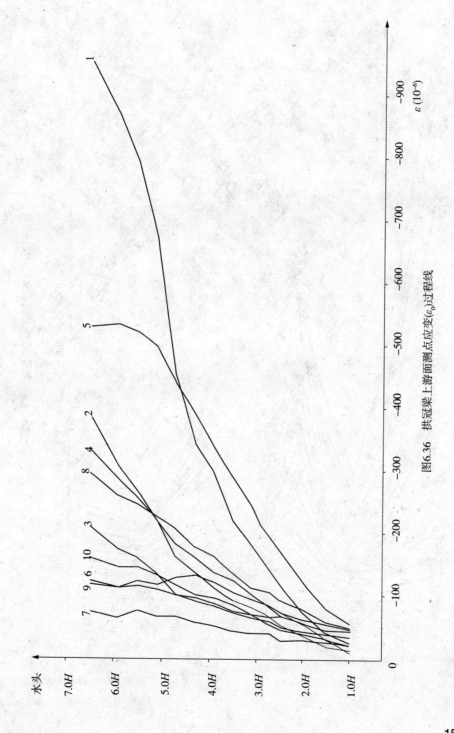

图6.36 拱冠梁上游面测点应变(ε_0)过程线

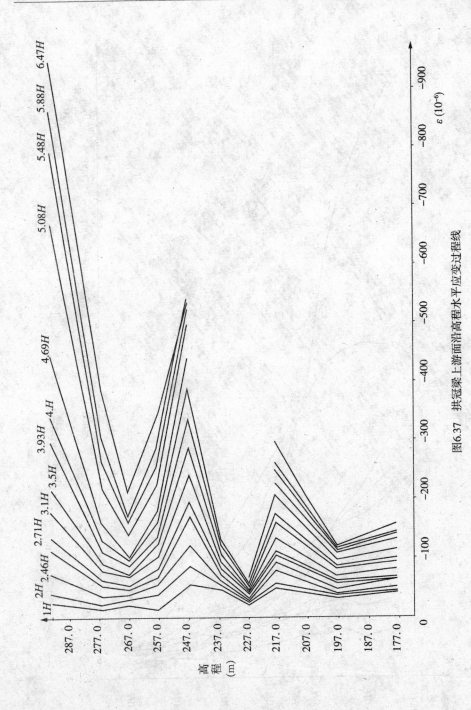

图6.37　拱冠梁上游面沿高程水平应变过程线

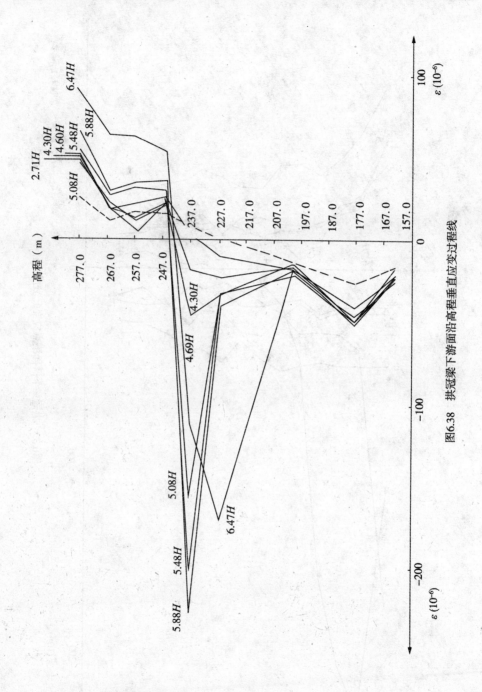

图6.38 拱冠梁下游面沿高程垂直应变过程线

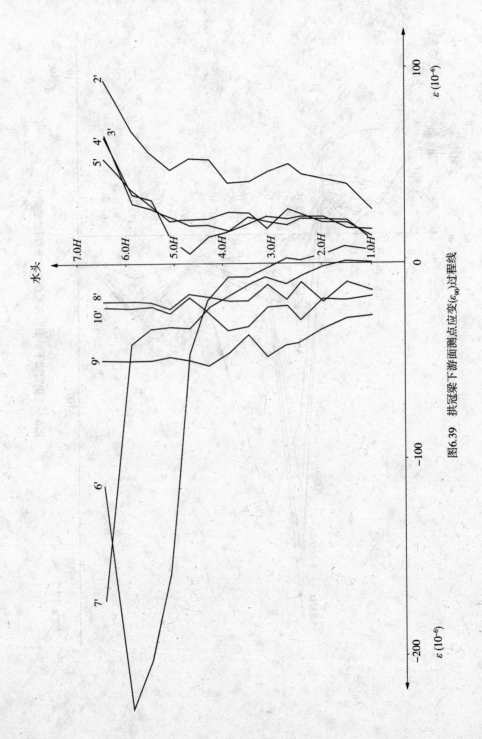

图6.39　拱冠梁下游面测点应变(ε_{90})过程线

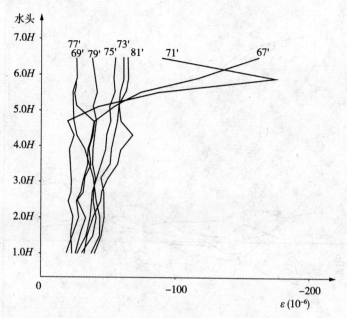

图 6.40 左拱端上游面沿岸坡测点应变过程线

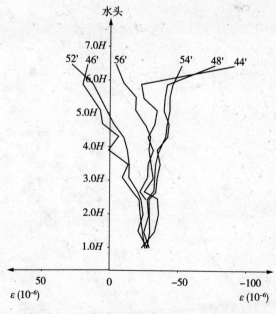

图 6.41 左拱端下游面沿岸坡测点应变过程线

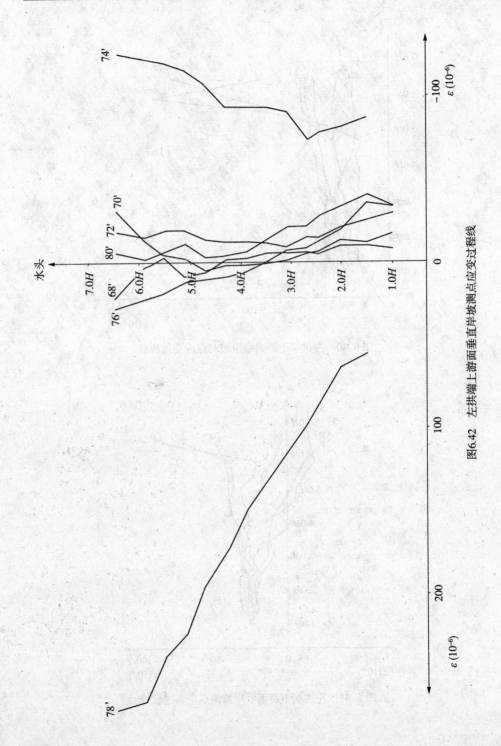

图 6.42　左拱端上游面垂直岸坡测点应变过程线

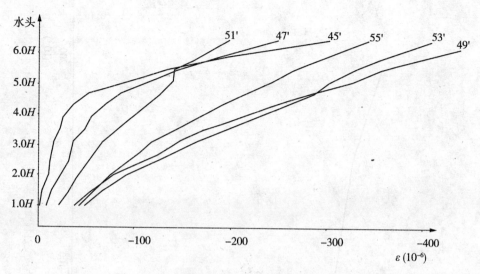

图 6.43　左拱端下游面垂直岸坡测点应变过程线

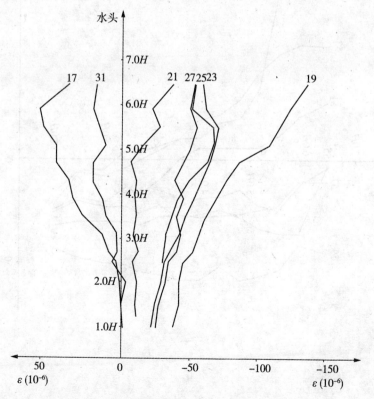

图 6.44　右拱端上游面沿岸坡测点应变过程线

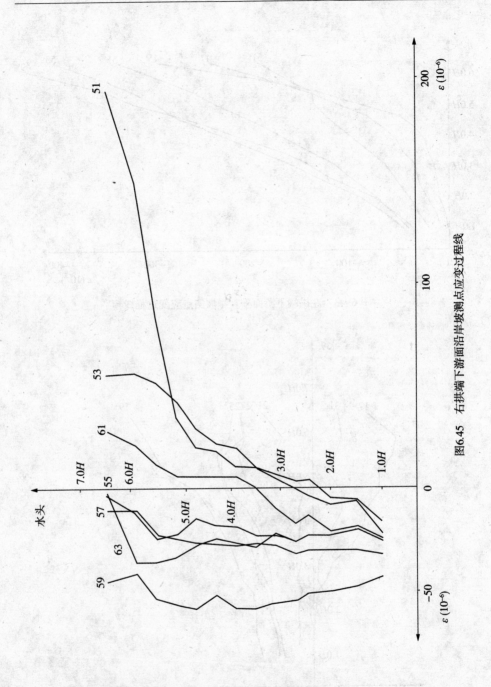

图 6.45 右拱端下游面沿岸坡测点应变过程线

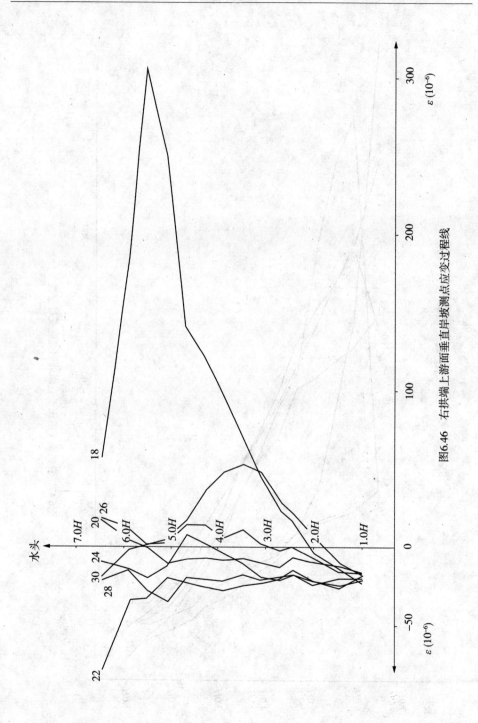

图6.46 右拱端上游面垂直岸坡测点应变过程线

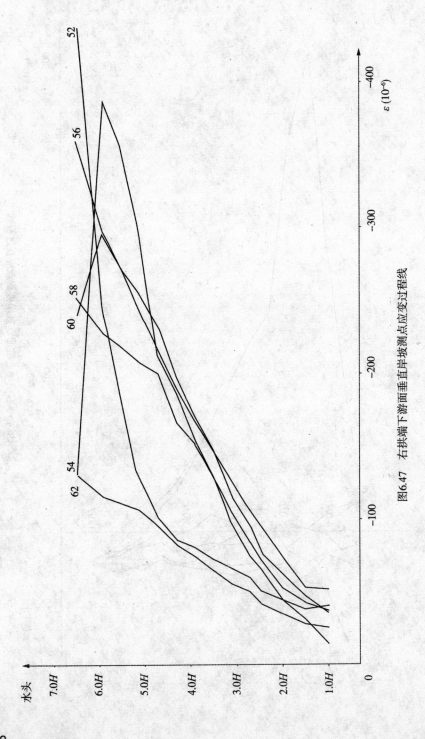

图6.47　右拱端下游面垂直岸坡测点应变过程线

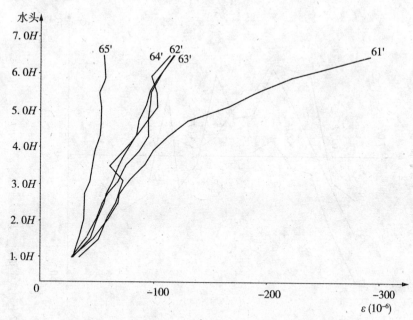

图 6.48 拱坝上游面左 $\frac{1}{3}$ 梁上测点应变(ε_0)过程线

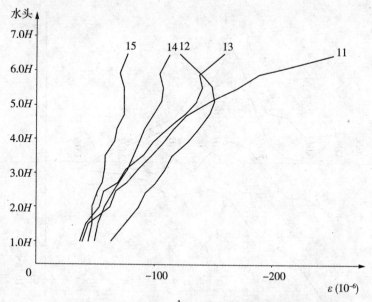

图 6.49 拱坝上游面右 $\frac{1}{3}$ 梁上测点应变(ε_0)过程线

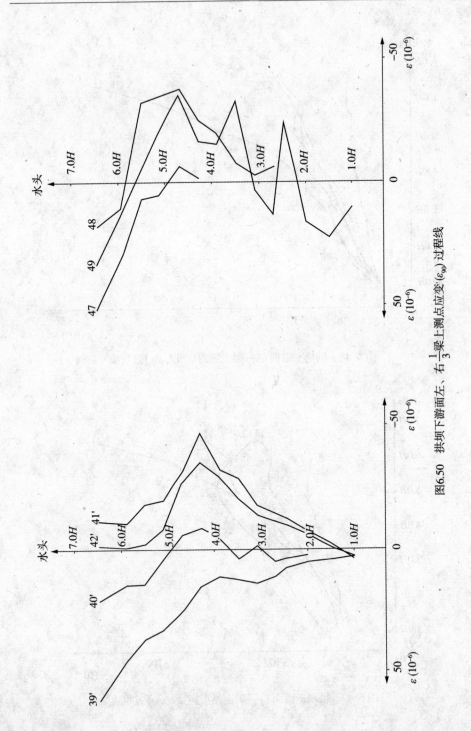

图6.50 拱坝下游面左、右 $\frac{1}{3}$ 梁上测点应变 (ε_{90}) 过程线

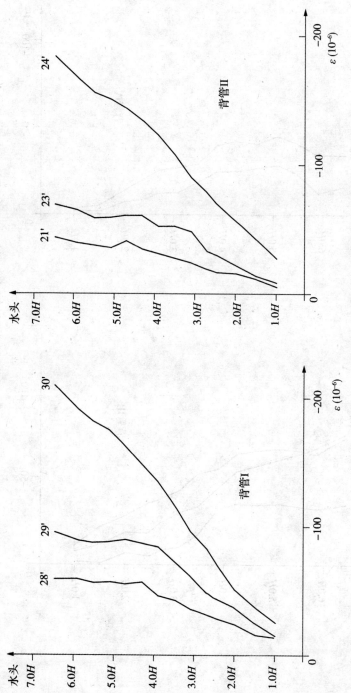

图6.51 背管 I 和背管 II 背部轴向测点应变(ε_{90})过程线

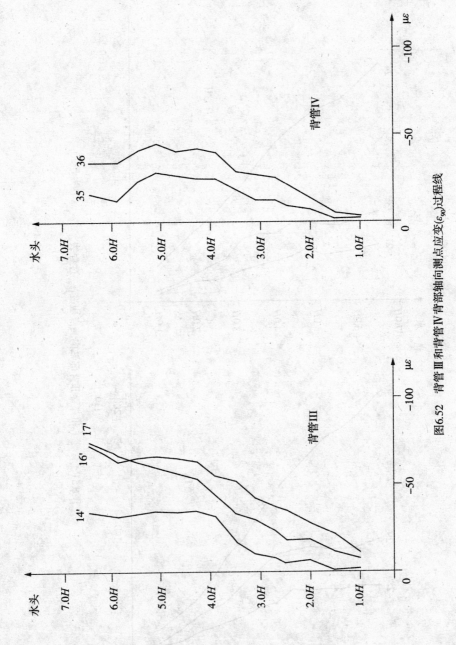

图6.52　背管Ⅲ和背管Ⅳ背帘轴向测点应变(ε_{90})过程线

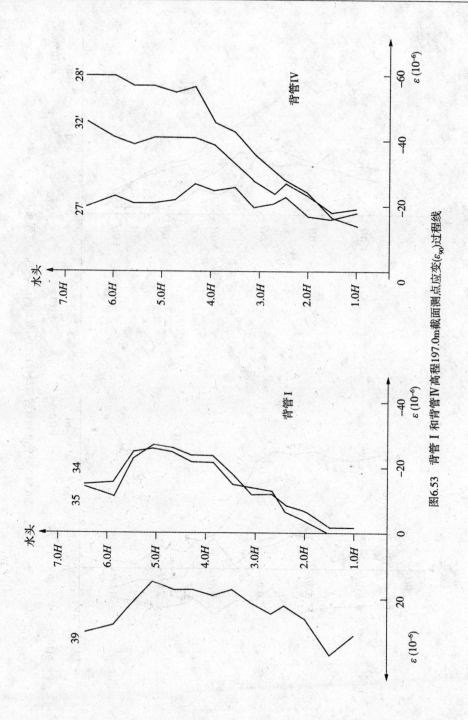

图6.53 背管 I 和背管 IV 高程197.0m截面测点应变(ε_{90})过程线

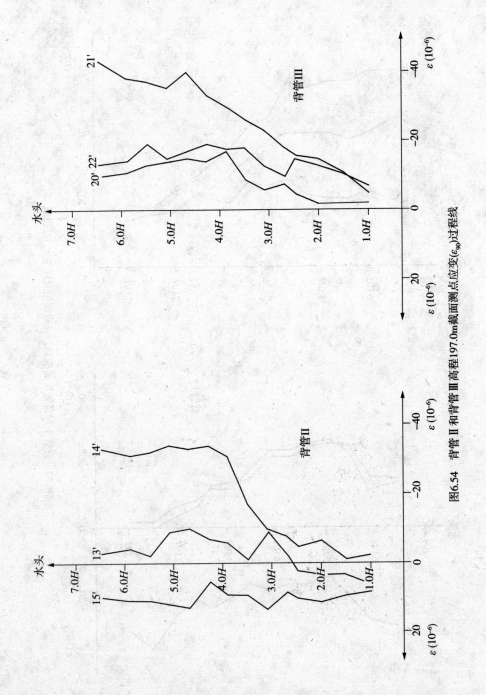

图6.54　背管II和背管III高程197.0m截面测点应变(ε_{90})过程线

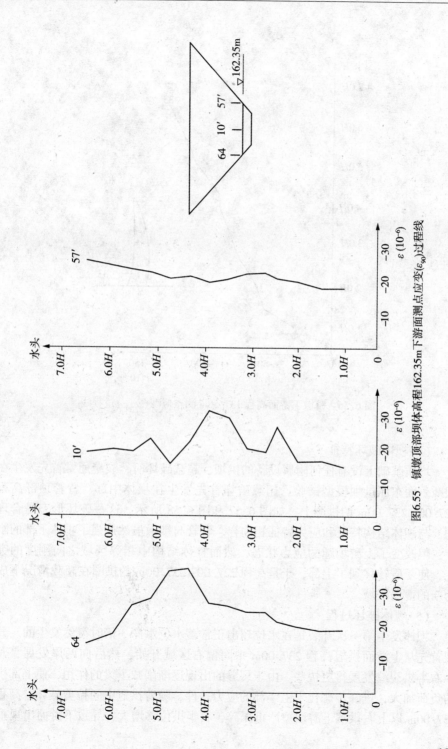

图6.55 镇墩顶部坝体高程162.35m下游面测点应变(ε_{90})过程线

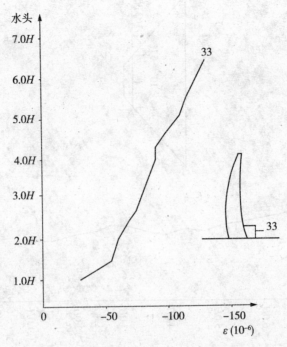

图 6.56 镇墩下游面高程 137.50m 测点应变(ε_{90})过程线

(4)坝体破坏特征

均质基础上没有任何附属设备的拱坝,超载破坏时,裂缝通常首先发生在坝踵。而东江拱坝模型试验,超载破坏首先发生在坝体中部、背管顶部高程 227.00~237.00m 的拱圈上,如图 6.57 和图 6.58 所示。这一破坏形态是合理的,与坝体结构特征和应力特征相吻合。背管与镇墩虽然加强了坝体下部的刚度,但改变了上游坝踵的应力状态,然而整体结构中相邻区域之间刚度的突变,使矛盾转移到了上部,于是高程 227.00~237.00m 的拱圈在超载情况下成为新的薄弱区域。

(5)坝体破坏过程

坝体发生第一次开裂是在水位超出正常蓄水位水深 3 倍时突然发生的。开裂首先从上游面拱冠高程 237.00m 中间偏右区域开始,然后向两岸发展,其中右半拱裂缝发展得更快些。由于裂缝的出现逐渐削减了梁的作用,使上部拱的负荷加大,进一步恶化了上半部的应力条件,随着拱冠中间拉剪破坏,高程 237.00m 以上右拱端下游面被严重压碎,右半拱位移增大,导致下游面出现垂

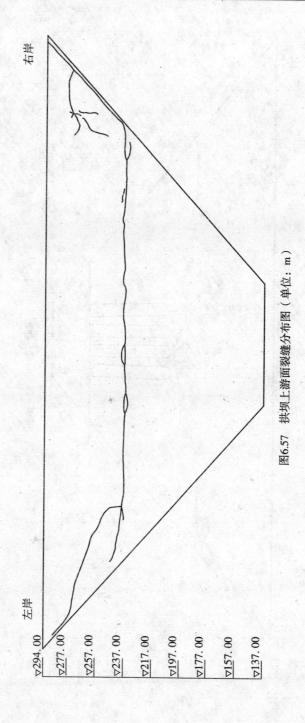

图6.57　拱坝上游面裂缝分布图（单位：m）

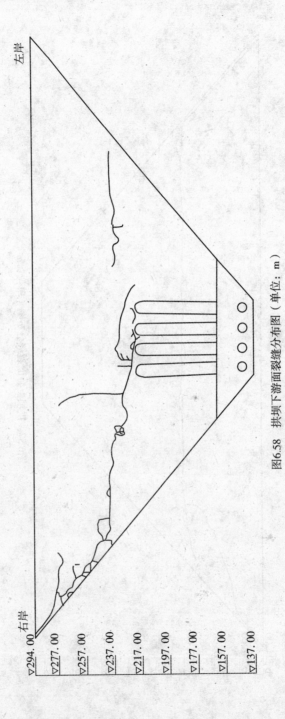

图6.58　拱坝下游面裂缝分布图（单位：m）

直裂缝。水位超出正常蓄水位水深 7 倍时，肉眼可看到高程 220.00～230.00m 以上坝体大幅度向下游变形，荷载已加不上去，结构丧失承载能力，模型破坏。卸荷后观测到上游拱冠高程 230.00m 以上坝体向下游错动，最大值达 1mm（相当于原型 20cm），断裂面倾向下游（自上游高程 237.00 到下游高程 220.00m）。

（6）坝体超载系数

根据对监测资料的分析判断，初裂时的超载系数 $K_1 = 2.10$，丧失承载能力时的超载系数 $K_2 = 7.07$。

第7章　水工结构渗流模型试验

水利水电工程修建在深山峡谷中，裂隙岩体渗流场的分析是水利工程中的关键技术问题之一，尤其是具有复杂渗控系统时，问题更为突出。

渗流对水工建筑物及其基岩的应力状态起着重要的作用。坝基岩体的变形大部分由裂隙产生，由于通过裂隙的流量与裂隙开度的3次方成正比，因此裂隙变形对岩体渗流场有很大的影响。近年来，数值分析方法已成为研究工程渗流特性、进行渗控结构优化设计以及安全性评价的主要方法之一，但是随着高坝复杂结构的建设，数值计算也遇到了前所未有的挑战，主要体现在以下几个方面：

①水工建筑物及基岩中布置有复杂的渗控、监测、交通等结构系统，使得坝体及基岩中各类孔洞、廊道等结构纵横交错，形成复杂的多连通域，其中，排水孔具有孔径小、间距密、数量巨大等特点，采用有限单元法进行精细模拟及分析，往往不可能实现。而且即使采用子模型方法进行精细模拟，由于多连通域的影响，也很难得到孔洞附近的真实渗流场。

②自由面是渗流场分析中特有的一个待求边界，由于包含了可能逸出边界，所以问题具有很强的非线性特征，而当坝体及坝基布置有复杂渗控系统时，其非线性特征尤为突出，数值计算难以收敛，因此，得不到准确的自由面，这是数值分析方法至今未能很好解决的问题。

为了解决上述难题，开展室内水工结构渗流模型试验具有十分重要的理论意义和工程应用价值。

目前渗流试验仍以砂槽模型试验为主，同时还有基于相同数学方程而采用其他介质所产生的类似物理现象进行模拟的模型，如黏滞流模型、水力网模型、电模拟试验(导电液和电网络)等。这些传统试验一般仅适用于结构简单的均质、非均质土坝或某一特定水力学现象的研究，对于具有复杂渗控结构的高混凝土坝渗流场的研究通常难以实现，因此，本书不做介绍。

7.1 材料渗透特性试验

7.1.1 试验目的

学习砂浆渗透仪、混凝土渗透仪等渗流设备的操作方法，学习渗透系数、给水度、贮水率等渗透参数的测定技术。

7.1.2 渗透系数测定

由于材料的渗透性不同，渗透仪通常有土壤渗透仪、砂浆渗透仪以及混凝土渗透仪等。本节以 TST-55 型渗透仪为例，简述渗透系数的工作原理及测定方法。

TST-55 型渗透仪试验装置如图 7.1 所示，主要由三部分组成：渗透仪、测压管和供给水源。渗透仪主要由底座、套筒、顶盖和螺杆四个部分组成。A 为进水口，B 为排气口，C 为出水口。测压管上的 0 刻度位置应与渗透仪的出水口 C 齐平，即与试件上表面齐平。

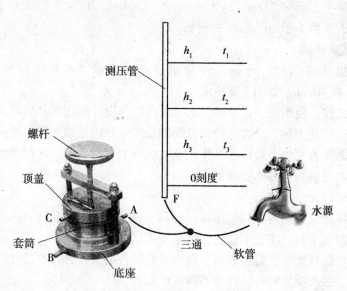

图 7.1 TST-55 型渗透仪试验装置

(1) 工作原理

这是一种变水头方法测定材料渗透系数的装置。试验过程中水头随时间而变化，根据水流连续性原理，流入试样的水量等于流出试样的水量，从而可得到渗透系数。

$$\begin{cases} K_1 = \dfrac{aL}{A(t_2 - t_1)}\ln\dfrac{h_1}{h_2} \\[2mm] K_2 = \dfrac{aL}{A(t_3 - t_2)}\ln\dfrac{h_2}{h_3} \\[2mm] K_3 = \dfrac{aL}{A(t_3 - t_1)}\ln\dfrac{h_1}{h_3} \end{cases} \tag{7.1}$$

$$\overline{K} = \frac{K_1 + K_2 + K_3}{3} \tag{7.2}$$

式中：a 为测压管断面积，cm^2；A 为试件的断面积，cm^2；L 为渗径，即为试件高度，cm；h_1、h_2 和 h_3 分别为测压管中设定的 3 个水位，cm；t_1、t_2 和 t_3 分别为测压管中水位到达 h_1、h_2 和 h_3 时的对应时刻，s；K_1、K_2 和 K_3 分别对应 3 次读数计算得到的渗透系数，cm/s；$\overline{K}$ 为渗透系数平均值。

本试验中，$a = 2.27cm^2$，$A = 30.0cm^2$，$L = 4cm$。TST-55 型渗透仪通常适用于测定渗透系数小于 $10^{-3}cm/s$ 的材料。

（2）试验步骤

主要包括两部分：制备试件和测量渗透系数。试件的尺寸为：直径 61.8mm，高 40mm，如图 7.2 所示。

制备试件：将水泥、标准砂、水等按不同的设计配比拌和均匀，环刀内壁均匀涂抹一层凡士林，分次将拌和好的砂浆按设计质量装入环刀内，振捣，检查试件表面是否平整，最后在制作完成的试件上写上编号，进行养护。

测量渗透系数：具体步骤如下：

①将试件充分饱和。

②在渗透仪套筒内壁均匀涂抹一层凡士林，试件放入套筒内，用小刀刮干净被挤出的凡士林。注意不能将凡士林堵塞试件表面。

③在渗透仪底座放置透水石，放入装好试件的套筒，再放置套有密封圈的透水石，上盖，旋紧螺杆。注意不得漏气漏水。

④检查三通的连接情况，三通分别连接水源、测压管和渗透仪。

⑤用止水夹关闭连接渗透仪的软管，打开水龙头，向测压管内充水至所需高度。

图 7.2 环刀中的试件

⑥用止水夹关闭连接测压管的软管，打开连接渗透仪的软管和渗透仪的排气孔，充水，排气，至水流稳定排出、管内无气泡出现，排气完毕，夹紧软管。

⑦打开出水孔和连接测压管的软管，检查渗透仪出水口是否开始出水，出水后，待测压管内的水头降至 h_1 时，开始计时，此时即为 t_1，然后记录水头降落至 h_2 和 h_3 的时间 t_2 和 t_3。

7.2 拱坝渗流模型试验

7.2.1 试验目的

了解大坝及坝基渗控系统布置，了解渗压、渗透流速、渗透坡降、渗流量以及自由面等的概念及观测方法，了解混凝土坝体及坝基渗流场的分布规律。

7.2.2 试验内容

具有复杂渗控系统混凝土拱坝河床坝段渗流模型试验，主要内容包括：
①研究拱坝非稳定渗流场特性。
②研究拱坝稳定渗流场特性。
③研究骤降工况下渗流场特性。

④研究坝体及坝基中复杂渗控系统的作用效应。

7.2.3　模型设计与制作

(1)模型范围

取拱坝河床坝段及其坝基作为研究对象，原型坝高294.5m，上游坝基范围取1倍坝高，下游取约1.5倍坝高，坝基深度方向取约1倍坝高，如图7.3所示。

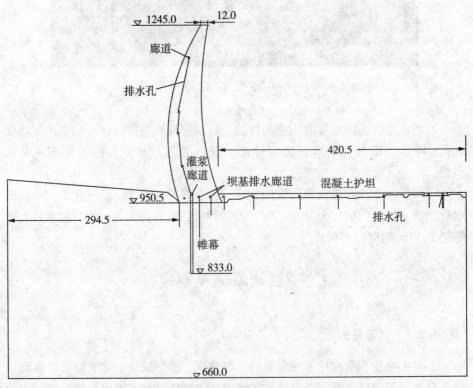

图7.3　拱坝、坝基及渗控系统布置图(单位：m)

考虑试验场地、试验条件等因素，模型几何比例尺采用1∶300，则模型坝体高0.98m，坝基自建基面向下0.82m，坝段厚度方向取为0.3m，模型上下游方向长度2.609m，帷幕、廊道、排水孔等按几何相似布置。

(2)模型材料

为了模拟拱坝上下游曲面、坝体及坝基内排水孔和廊道等构造，且在较短的时间内使坝基和坝体达到饱和，要求模型材料既具有一定的强度又具有一定的透水性。经过大量的材料试验研究，决定采用水泥砂浆作为模型材料。

试验前期，针对不同配比、不同浇筑密度的水泥砂浆，进行了大量的渗透系数测定试验。材料试验结果显示：当灰砂比一定时，密度越大渗透系数越小；当浇筑密度一定时，随着灰砂比增大，渗透系数减小。模型材料配比及渗透系数见表 7.1。

表 7.1 材料配合比设计

材料	原型渗透系数（cm/s）	模型		
		渗透系数（cm/s）	水泥砂浆配比（砂：水泥：水）	密度（g/cm³）
混凝土坝体	10^{-9}	10^{-6}	1：0.18：0.099	2.23
坝基	10^{-6}	10^{-3}	1：0.16：0.088	1.96
帷幕	10^{-7}	10^{-4}	1：0.16：0.088	2.10

（3）排水孔、廊道模拟

排水系统布置如图 7.4 所示。

根据几何相似关系，原型排水孔直径 0.1m，模型应为 0.333mm；原型排水孔间距 3m，模型应为 10mm。按完全相似制作模型有一定困难。因此，采用数值分析方法首先对排水孔直径和间距进行敏感性分析及等效性研究，结果显示，排水孔直径对排水效果影响较小，排水孔间距对排水效果有较大影响，最终确定模型排水孔直径为 4mm，间距为 17mm。模型廊道采用直径为 15mm 的圆管形式。

试验中利用铁丝（ϕ4mm）形成排水孔、塑料管（ϕ15mm）形成廊道，待砂浆终凝并具有一定强度时，将铁丝和塑料管拔出即可，如图 7.5 所示。

（4）测点和测压管布置

为了了解渗流场分布情况，在坝段左右两侧共对称布置 60 个测点，其中坝体 30 个、坝基 30 个，测点位置如图 7.6 所示。

测点位置确定后，以测点为中心钻孔，预设测压铜管 [图 7.7（a）]，再进行模型浇筑。坝段左右两侧对称布置，共布置 60 根测压管。测压管一端通过胶乳管接在测压铜管末端，另一端接在测压排上。图 7.7（b）为防止箱体变形设置的加固筋。

179

(5) 模型制作

首先分层浇筑坝基,再浇筑坝体,如图7.8和图7.9所示,图中数字为浇筑分区及步序。按以下方法进行施工:①按照水平分层由低往高分层浇筑;②预先计算出各层厚度与浇筑质量,逐层铺料,人工夯实;③采用环刀取样进行夯实质量检测;④浇筑下一层前,对上一层进行表面凿毛处理;⑤整体浇筑完毕后,连接测压管至测压排。

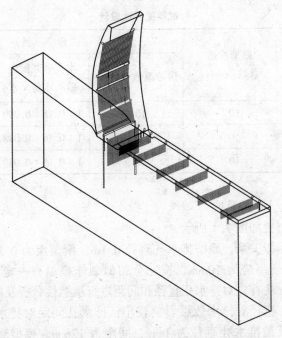

图 7.4 排水系统示意图

图 7.5 制作排水孔和廊道

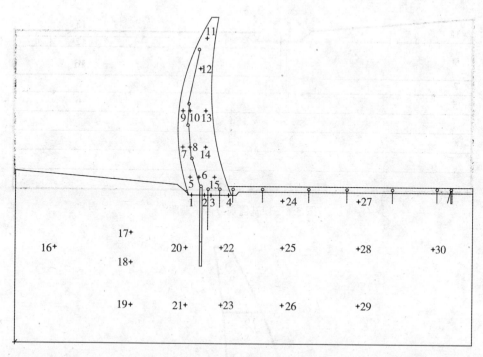

图 7.6　测点布置

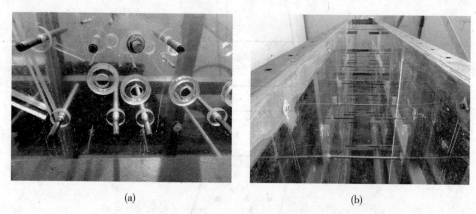

（a）　　　　　　　　　　　　（b）

（a）预设的测压铜管；（b）模型槽内部防止变形加固筋

图 7.7　复杂渗控系统-细部结构图

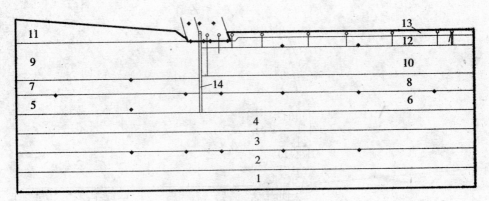

图 7.8 坝基浇筑分区示意图

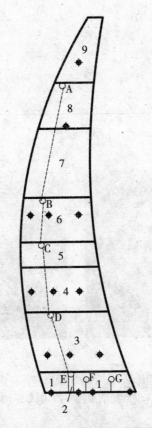

图 7.9 坝体浇筑分区示意图

完成后的模型如图 7.10 所示。

图 7.10 完成后的模型

7.2.4 试验步骤

①坝基饱和过程。往模型中缓缓充水，待上下游水位达到初始渗流场水位时，停止充水，浸泡数天，并维持上下游初始水位，直至坝基达到饱和。

②观测并记录非稳定蓄水过程。坝基饱和后，继续充水，达到上游正常蓄水位及下游相应水位为止，随水位上升过程，记录各测点读数及流量计读数。

③维持正常蓄水位，使坝体达到饱和后，记录各测点读数及流量计读数。

④使上游水位骤降，记录各测点读数及流量计读数。

⑤整理试验数据，绘制相应图表，分析试验结果。

参 考 文 献

[1] E Fumagalli. Statical and Geomechanical Models[M]. New York：Springer-Verlag/Wien，1973.

[2] Sheng-Hong Chen. Hydraulic Structures[M]. New York：Springer，2015.

[3] 陈兴华，等. 脆性材料结构模型试验[M]. 北京：水利电力出版社，1984.

[4] 陈兴华，王宙. 拱坝坝肩岩体稳定地质力学模型试验[J]. 岩土工程学报，1983，5(1)：77-89.

[5] 邓李润，吴沛寰，张淑丽，等. 坝踵断层对拱坝影响的试验分析[J]. 武汉水利电力学院学报，1987，6：36-40.

[6] 雷川华，李桂荣，吴运卿. 气压加载自动控制系统研制[J]. 武汉大学学报（工学版），2006，39(2)：99-101.

[7] 李桂荣，吴沛寰. 坝基尾岩的模型分析[G]//中国岩石力学与工程学会. 水电与矿业工程中的岩石力学问题——中国北方岩石力学与工程应用学术会议文集，1991：214-220.

[8] 南京水利科学研究所. 水工模型试验[M]. 北京：水利电力出版社，1959.

[9] 水利水电科学研究院. 水工模型试验[M]. 北京：水利电力出版社，1985.

[10] 陶振宇. 岩石力学的理论与实践[M]. 北京：水利出版社，1981.

[11] 陶振宇，潘别桐. 岩石力学原理与方法[M]. 武汉：中国地质大学出版社，1991.

[12] 吴沛寰，陈介贤，宋同益. 拱坝坝肩稳定的试验[J]. 武汉水利电力学院学报，1980，4：113-114.

[13] 吴沛寰，陈介贤，宋同益. 拱坝的坝肩抗滑稳定结构模型试验[J]. 人民长江，1980(12)：131-133.

[14] 薛桂玉，李桂荣，陈敏林. 大花水碾压混凝土拱坝物理模型试验研究报告[R]. 2007.

[15] 袁文忠. 相似理论与静力学模型试验[M]. 成都：西南交通大学出版社，1998.

[16]张林，陈建叶．水工大坝与地基模型试验及工程应用[M]．成都：四川大学出版社，2009．

[17]张林，刘小强，陈建叶，等．复杂地质条件下拱坝坝肩稳定地质力学模型试验研究[J]．四川大学学报(工程科学版)，2004，36(6)：1-5．

[18]张林，杨宝全，丁泽霖，等．复杂岩基上重力坝坝基稳定地质力学模型试验研究[J]．水力发电，2009，35(5)：39-42．

[19]张林，费文平，李桂林，等．高拱坝坝肩坝基整体稳定地质力学模型试验研究[J]．岩石力学与工程学报，2005，24(19)．

[20]周维垣，等．高拱坝地质力学模型试验方法与应用[M]．北京：中国水利水电出版社，2008．

[21]周维垣，杨若琼，刘耀儒，等．高拱坝整体稳定地质力学模型试验研究[J]．水力发电学报，2005，1(24)：53-64．

[22]左东启，等．模型试验的理论和方法[M]．北京：水利电力出版社，1984．